W0256817

Die Einphasen-Motoren
nach den deutschen Patentschriften

Mit Sachverzeichnissen der Deutschen Reichs-Patente
über Einphasen- und Mehrphasen-
Kommutator-Motoren

Von

Dr.-Ing. Erich Dyhr

Mit 112 Textfiguren

Springer-Verlag Berlin Heidelberg GmbH 1912

ISBN 978-3-662-32434-9   ISBN 978-3-662-33261-0 (eBook)
DOI 10.1007/978-3-662-33261-0

Vorwort.

Da die vorliegende Schrift als Dissertation entstand, war es nicht möglich, auf die Grundlagen der Theorie, die den engeren Fachkreisen schon bekannt sind, in dem Maße einzugehen, wie es vielleicht zur allgemeinen und leichteren Verständlichkeit der behandelten Fragen wünschenswert wäre, — und auch der Verfolgung der Sonderprobleme wie der Anführung von Einzelheiten waren bestimmte Grenzen gesetzt.

Folgendes aber veranlaßte mich, trotzdem diese Schrift der Fachwelt vorzulegen. — Es war mir bei der Durchforschung der Literatur aufgefallen, daß bei der Bearbeitung des in Rede stehenden Gebietes eine Anzahl von Gesichtspunkten bisher nicht oder nur unvollkommen beachtet worden sind, deren Durchführung wenigstens anzustreben mir notwendig und förderlich erschien.

Bei Ostwald findet sich der Gedanke, daß begriffliche Klärung eines Forschungsgebietes ebenso wichtig ist, als die Forschung selbst.

Bisher sind viele der in Betracht kommenden Fragen nur einzeln und anscheinend ohne Kenntnis anderer Bearbeitungen behandelt worden. Nun hat aber aus der Flut durcheinanderwogender Einzelmeinungen ganz allmählich ein Kern einheitlicher Vorstellungen auszukristallisieren begonnen, die im Gegensatz zu im besten Falle rein mathematisch faßbaren Hypothesen als dauernder Besitz der Technik bezeichnet werden dürfen. — Ausserdem kann wohl kein Zweifel sein, daß auch die romantische Vielgestaltigkeit der Formen, Systeme und Schaltungen auf dem Gebiete der Wechselstrom-Motoren ebenso typischer Einheitlichkeit Platz machen wird, wie bei den älteren Arten elektrischer Maschinen.

Wie diese Einheitlichkeit bei unbefangener Kritik und Folgerichtigkeit zu erreichen sein wird und theoretisch schon angebahnt ist, soll hier einmal im Zusammenhange dargestellt werden. Der praktische Zusammenhang aber kann nur durch Festhalten an dem physikalisch gegebenen erkannt werden; die Vorstellung muß sich dem anpassen, und zwar sollte niemand erwarten, daß sie ihm von außen vermittelt werde, denn jeder einzelne muß sie, meist unter erheblichem Aufwand geistiger Arbeit, sich neu bilden; deshalb können auch mechanische Hilfsvorstellungen zu theoretischer Erkenntnis nicht verhelfen.

Die Sprache, in der man sich über die also notwendig rein elektrotechnischen Vorstellungen verständigt, ist die Vektorendarstellung; wird sie folgerichtig und einheitlich durchgeführt, so gestattet sie die Klärung aller praktisch auftretenden Fragen. Sie ist deshalb hier in jedem der zahlreichen Einzelfälle angewendet.

Wem dadurch die Vektorendarstellung und ihre theoretische Grundlage geläufig geworden ist, dem kann es keine großen Schwierigkeiten bieten, von den Motoren für Einphasenstrom zu denen für Mehrphasenstrom durch sinngemäße Überlagerung der Schaltungen und Diagramme überzugehen, wie dies Atkinson und Görges bereits getan haben. Von diesem Standpunkte schien es mir erlaubt, der Schrift ein bloßes Verzeichnis der Literatur und der Patente über Mehrphasen-Kommutator-Motoren anzufügen.

Bei Literaturangaben muß beachtet werden, daß sie ohne irgend welche Angabe des Inhaltes in den meisten Fällen zwecklos sind, da sich bei der knappen Zeit, die den Ingenieuren zur Verfügung steht, niemand die Zeit nehmen kann, alles nachzulesen, um das gewünschte eine zu finden. Letzteres soll hier nach Namen oder Thema durch das Sachverzeichnis erleichtert werden.

Von dem angeführten Gesichtspunkte aus hat sich auch die Kritik nicht erst im Eingehen auf die Irrtümer, sondern schon in der Anordnung und Auswahl des Stoffes zu äußern. Die Vorarbeit der Ausscheidung des ganz unwesentlichen und falschen, wie auch der Schlacken persönlicher Auffassung bei einzelnen Bearbeitern des Gebietes muß den Lesern abgenommen werden.

Ihnen muß ich es nun anheimstellen, zu beurteilen, inwieweit mir die Verwirklichung meiner Absichten gelungen ist.

Ich kann am Schlusse nicht unterlassen, meinem verehrten Lehrer, Herrn Geh. Hofrat Professor H. Görges in Dresden, von dem die grundlegenden Arbeiten über die Theorie der Einphasen-Motoren stammen, für die Anregung und teilnehmende Förderung der vorliegenden Arbeit meinen herzlichsten Dank auszusprechen.

Charlottenburg, im März 1912.

Erich Dyhr.

Inhaltsverzeichnis.

Inhaltsverzeichnis.

Abkürzungen und Bezeichnungen.

A. E.-G.   Allgem. Elektrizitäts-Ges.
B.B. & Cie.   Brown-Boveri & Cie.
F.G.L.(-W.)   Felten & Guilleaume-Lahmeyer-Werke.
S.S.W.   Siemens-Schuckert-Werke.
ETZ.   Elektrotechnische Zeitschrift.
E.K.B.   Elektr. Kraftbetriebe u. Bahnen.
E. u. M.   Elektrotecknik u. Maschinenbau.
T.A.I.E.E.   Transactions [P.-Proceedings] of the American Institute of
    Electr. Eng.
J.I.E.E.   Journal of the Institution of Electr. Eng.
Ecl. El.   Eclairage Electrique.

$a = \dfrac{N_1}{N_2}$ Übersetzungsverhältnis

c   Konstante
D   Drehmoment.
E   **EMK**
J   Strom.
L   Leistung.
n   Drehzahl.
N   Windungszahl.
p   Polpaarzahl.
P   Klemmenspannung.
t, T   Zeit.

$v = \dfrac{n}{n_0}$ Relativgeschwindigkeit.

w, W   Widerstand.
$\varPhi$ Induktionsfluß.
ν Periodenzahl.
α Bürstenwinkel.
ζ räumlicher Achsenwinkel.
ω Winkel der Drehung.
φ $\sphericalangle$ J, P.
θ $\sphericalangle$ J, E.
ρ $\sphericalangle$ (N . J), $\varPhi$

Erster Teil.

Erstes Kapitel.

Einleitung.

a) Grundlinien der geschichtlichen Entwicklung.

Neue physikalische Erscheinungen, die ihrem inneren Wesen nach ganz unbekannt sind, sucht man zunächst auf Grund bekannter Anschauungen und Begriffe zu erklären und dem Verständnis zugänglich zu machen.

Auch von den Erfindern der Wechselstrommotoren wurde dieser Weg beschritten, sei es aus innerem Forschungstriebe, sei es, daß eine allgemein verständliche Erklärung erstrebt wurde zu dem Zwecke, den Patentschutz für eine Erfindung zu erhalten. Als die Wechselstrom-Kommutator-Motoren, die in dieser Schrift behandelt werden sollen, in den letzten Jahren des vergangenen Jahrhunderts so weit entwickelt waren, daß der Patentschutz für erreichte praktisch verwertbare Fortschritte nachgesucht werden konnte, gab es zwei Arten von elektrischen Treibmaschinen, für deren Wirkungsweise eine weiteren Kreisen verständliche physikalische Erklärung vorhanden war, den Gleichstrommotor und den Mehrphasen-Induktions-Motor.

Den Gleichstrommotor hatte man schon im vorletzten Jahrzehnt des XIX., vor der Erfindung des Mehrphasenmotors, für den Betrieb mit Einphasenwechselstrom benutzen wollen, war jedoch auf praktische Schwierigkeiten gestoßen, die man bei dem damaligen Stande der Erkenntnis und Technik nicht zu überwinden vermochte. Der Mehrphasenmotor aber wurde nach der Entdeckung der physikalischen Erscheinung des Drehfeldes geschaffen und drängte durch seine Zugänglichkeit für die Theorie sowohl als auch besonders durch seine Einfachheit im Aufbau und Betriebe die anderen Wechselstrommotoren völlig in den Hintergrund. Nur wenige Forscher und Erfinder, die ihrer

Zeit voraus waren, bemühten sich weiter, vor allem von der wissenschaftlichen Seite der Lösung des Problems näher zu kommen, einen brauchbaren Einphasenmotor zu schaffen.

Wie man früher den Einphasenwechselstrom für den Betrieb von Gleichstrommotoren zu benutzen versucht hatte, verwendete man auch den Induktionsmotor zum Betriebe mit Einphasenstrom und fand die Möglichkeit, Maschinen geringer Leistung mit gewissen wirtschaftlichen und technischen Einschränkungen arbeitsfähig zu machen, aber man war nicht imstande, praktische Verbesserungen herbeizuführen.

Nichts lag näher, als für diesen „Induktionsmotor" für Einphasenstrom die großen Fortschritte der Drehfeldtheorie des Mehrphasenmotors nutzbar zu machen, wie andererseits die Kommutatormotoren der inzwischen auch weiter entwickelten Theorie der Gleichstrommaschine zu unterwerfen. Dadurch wurde aber gerade die praktische Weiterbildung der Motoren gehemmt, weil diese Theorie, die als Grundlage der Berechnung hätte dienen sollen, sich nur zwangsweise und nicht hinreichend den physikalischen Erscheinungen anpassen ließ; auch konnte eine beiden Motorenarten gemeinsame Betrachtungsweise dabei nicht aufkommen.

Eine ganz andere Auffassung war es, die, zuerst nur von wenigen in ihrer Bedeutung erkannt und vertreten, sich immer mehr als allseitig anwendbar und ungeahnter Entwickelung fähig erwies. — Zwei Ausgangspunkte führten dazu. Bahnbrechend drang auf der einen Seite die Mathematik in das unerforschte Gebiet, schuf neue Begriffe und deckte unerkannte Beziehungen auf, unersetzlich in solchem Falle, weil sie ihre Schlüsse gleichsam mechanisch, selbsttätig zieht und daher auch zum gewünschten Ziele führen kann, ohne daß der Weg bekannt ist. Steinmetz wandte die symbolische Behandlungsweise der Wechselstromerscheinungen auch auf die Motoren an; noch deutlicher aber als auf diesem Wege ergab sich der große Zusammenhang zwischen allen bekannten Erscheinungen auf dem Gebiete des technischen Wechselstromes aus der von Potier und Görges 1894/95 begründeten, von letzterem weiter entwickelten analytisch-graphischen Theorie der Motoren.

Danach werden alle Vorgänge in sämtlichen Motoren auf die zwei Induktionswirkungen zurückgeführt, die einerseits ein

Wechselfeld auf eine ruhende Spule und andererseits ein Gleichfeld auf eine darin sich drehende Spule ausübt, oder einfach auf die Erscheinungen im Wechselstromtransformator und in der Gleichstrommaschine.

Betonte diese Erkenntnis in erster Linie, wiewohl nicht ausschließlich, die zeitliche Zerlegung der periodischen Vorgänge im Motor, so brach um dieselbe Zeit in England L. B. Atkinson vor allem der Auffassung Bahn, daß auch räumlich in jedem zweipoligen Wechselstrommotor die erwähnten Wirkungen als in zwei aufeinander senkrechten Achsen auftretend betrachtet werden können, die transformatorische Wirkung in einer „induktiven" (X-) Achse, die motorische Wirkung nach Art des Gleichstrommotors in einer „magnetischen" (Y-) Achse. In Abb. 1 ist das Schema des von Atkinson angegebenen und untersuchten Einphasen - Kommutator - Motors dargestellt, in das die angegebenen Achsen eingezeichnet sind. 1898 trat Atkinson zuerst damit an die

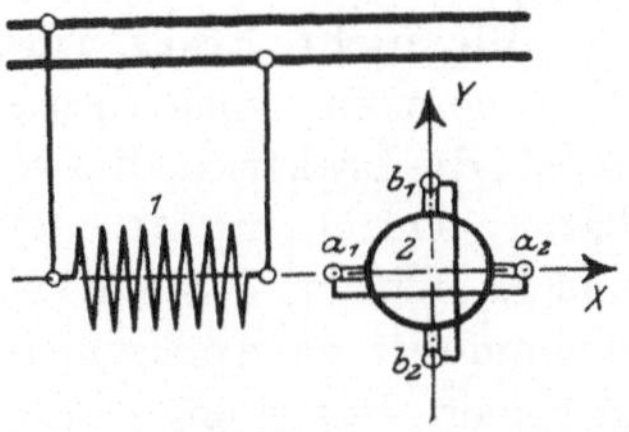

Abb. 1.

Öffentlichkeit in einem Vortrage: The theory, design and working of alternate-current motors (Min. of Proc. Inst. of Civil Eng., Vol. 133, p. 113).

In Deutschland kam diese Auffassung in der Praxis zuerst zur Geltung durch Winter und Eichberg in dem der Union E. G. erteilten D. R. P. Nr. 153 730 vom 16. 11. 1901 über die Regelung von Wechselstrommaschinen mit Gleichstromanker, das den Ausgangspunkt für alle Wechselstrommotoren der A. E. G. bildet. Von da an folgten einander fast ununterbrochen in großer Zahl die mannigfaltigsten Vorschläge auf diesem Gebiete, und dadurch blieb zunächst abermals die Theorie zurück, ja sie wurde in ihrer ruhigen Weiterentwicklung gestört. Denn jene vielseitige Erfindertätigkeit hatte nichts organisches an sich. Von so vielen Parteien das Problem in Angriff genommen wurde, praktisch brauchbare regelbare Motoren vor allem für Einphasenstrom zu schaffen, in so vielen Richtungen wurde es auch angefaßt und eine ganze Anzahl von Maschinen ausgebildet, die in ihrem Verhalten, noch mehr aber in ihrer Schaltung, beträchtliche Unterschiede aufzuweisen schienen. Über diese Motoren waren des Patentschutzes wegen zunächst nur die Erfinder genauer unterrichtet. Soweit jene neben der bloßen Beschreibung der Bauart, Schaltuhg und Arbeitsweise auch eine theoretische Erklärung der Vorgänge versuchten, paßte diese sich doch meist zu sehr dem besonderen Wesen der Erfindung an, als daß sie für eine vergleichende Betrachtung verschiedener Motorenarten den Boden hätte abgeben können.

Daher blieben notwendig auch Zusammenstellungen der Motorenarten, trotzdem die Verfasser Einheitlichkeit der Behandlung erstrebten, meist nur beschreibend, und es ließ sich darin kein inneres Band zwischen den einzelnen Schaltungen finden.

Mit mehr Erfolg wurde eine einheitliche Betrachtung der Motorenarten vom theoretischen Standpunkte aus versucht, sobald die praktische Entwicklung ruhigere Bahnen eingeschlagen hatte. Durch die Arbeiten von Görges, Atkinson, Winter und Eichberg waren die energetischen Verhältnisse im Wechselstrommotor ganz allgemein festgestellt. Es galt also, diese allgemeinen Beziehungen auf die Hauptarten von Wechselstrommotoren anzuwenden, und so wurde denn in der Tat erkannt, worauf die Abweichungen im Verhalten der einzelnen Motoren beruhen.

Besonders bedeutungsvoll waren in dieser Hinsicht die Arbeiten von

> Eichberg, ETZ. 1904, S. 75.
> Pichelmayer, ETZ. 1904, S. 464.
> Görges, ETZ. 1907, S. 730 und 758.
> Fynn, J. I. E. E. 1908, Vol. 40, p. 181.

In diesen und ähnlichen Arbeiten machte sich naturgemäß das Bestreben geltend, die Motoren entsprechend der Erkenntnis ihres Wesens einzuteilen (zu klassifizieren) und zu benennen.

Besondere Vorschläge in dieser Richtung haben Fynn in: The classification of alternate-currert motors (Electrician Co., London) und Jonas: ETZ. 1908, S. 183 gemacht. Es mußte aber jeder Versuch, die Motoren nach äußeren Merkmalen der Schaltung, ähnlich dem Linnéschen Pflanzensystem, einzuteilen, so wie dieses System daran scheitern, daß immer wieder Übergangsformen zwischen verschiedenen Klassen auftreten oder ganz neue

Arten gefunden werden, die sich in keine Klasse einordnen lassen. Ebenso erwies es sich als unmöglich, in hinreichend kurzen Bezeichnungen außer dem Betriebscharakter auch noch die Schaltungsunterschiede der Motoren zum Ausdruck zu bringen, solange man nicht auf die einfachsten allbekannten Begriffe zurückging, und nicht in weiteren Fachkreisen das irreführende der hergebrachten, oft rein zufällig entstandenen Namen einiger älterer Motorenarten erkannt wurde.

b) Grundlagen der systematischen Entwicklung.

Da gegenwärtig die äußere Entwicklung ziemlich zum Abschlusse gekommen zu sein scheint und die theoretische Durchdringung, wie die praktische Ausbildung der einzelnen Motoren einen gewissen Grad von Vollkommenheit erreicht hat, erscheint es möglich, eine einheitliche Darstellung des Wesens aller Wechselstrommotoren nach den folgenden Gesichtspunkten zu geben.

Schon in den vier Arbeiten, die als grundlegend für die einheitliche Betrachtungsweise bezeichnet wurden, ist es beachtenswert, daß im Gegensatz zu manchen anderen Arbeiten, die dasselbe anstrebten, aber nicht erreichten, sie sich ganz auf physikalischer Darstellung der wirklichen Vorgänge im Motor aufbauen, wogegen die Mathematik nur zu kurzen Ableitungen oder zur Fassung von Gesetzen benutzt wird.

So wertvoll die Mathematik auch ist, selbständig physikalische Ergebnisse aus den Grundgesetzen zu entwickeln, solange das physikalische Geschehen noch unbekannt ist, so muß doch letzteres Schritt für Schritt nachträglich durch Logik und Anschauung verfolgt werden, wenn wirkliches Verständnis für das Wesen einer Erscheinung wie für ihre Beziehungen zu anderen Erscheinungen erzielt werden soll.

Daher soll auch hier keine mathematische oder beschreibende Behandlung von Sonderfällen gegeben werden, sondern aus einem einzigen Grundfall sollen logisch, allein durch allmähliche Veränderung der Anordnung und Schaltung, alle möglichen Arten der Wechselstrommotoren entwickelt, sowie das Auftreten und Verschwinden besonderer Eigenschaften verfolgt werden.

Dieses „natürliche System" kann keine getrennten Klassen haben, sondern nur organische Gruppen, zwischen denen allmähliche Übergänge stattfinden, so daß eine zwar geschlossene, aber elastische und erweiterungsfähige Kette entsteht.

Dies bedingt schon völlige Befreiung von der geschichtlichen Entwicklung, die sich durchaus unorganisch vollzogen hat, wiewohl deren möglichst genaue Kenntnis die Grundlage für den Aufbau des Systems bilden muß. Die Kenntnis aller Einzelheiten aber ist, wenn überhaupt, nicht aus den Veröffentlichungen in Zeitschriften und Büchern, sondern nur aus der Patentliteratur zu schöpfen.

Diese zugänglich zu machen und zu erschließen, soll die Hauptaufgabe dieser Schrift sein; dazu ist aber eine kritische Sichtung des in der Patentliteratur aufgehäuften Stoffes nötig, die wiederum nur möglich ist mit Hilfe eines Systems, das alle Sonderfälle übersichtlich einzuordnen und allgemeinen Gesichtspunkten zu unterwerfen gestattet. Obwohl sich also dieses System in vollem Umfange nur dadurch entwickeln ließ, daß die gemeinsamen Eigenschaften und Grundformen aller der äußerlich oft sehr verschiedenen Schaltungen bei ihrer vergleichenden Betrachtung zwingend hervortraten, muß es doch hier der eingehenden Behandlung der Patentliteratur vorangestellt werden.

c) Die Hauptzüge des Systems.

Den Ausgangspunkt bildet die Anschauung, daß im Kommutator-Motor stets die gesamte Energie, die in mechanische Leistung umgesetzt wird, sich zunächst als elektrische Energie auf dem Läufer vorfinden muß, an dessen Oberfläche sich die Umwandlung vollzieht. Die stromführende Schicht des Läufers wird von einem Induktionsfluß Φ durchsetzt; seiner Größe ist das Drehmoment proportional, das andererseits von der Stromdurchflutung des Läufers, den Ampere-Windungen (AW) $N.J$, bestimmt wird. Die mechanische Leistung L_m wird, unter Berücksichtigung der Phasenverschiebung, elektrisch gemessen durch das Produkt der EMK E'', die bei der Bewegung im Induktionsfluß Φ in der Läuferwicklung auftritt, und der darin herrschenden Stromstärke J. Die elektrische Energie wird dem Läufer konduktiv oder induktiv zugeführt, beim Einphasenwechselstrommotor im wesentlichen nur dem Wicklungssystem einer Achse pro Polpaar, die nach dem Vorgang von Atkinson „Arbeitsachse" genannt wird, weil

sie die resultierende Achse der Läuferarbeits-AW ist. Dementsprechend verläuft der Induktionsfluß Φ, der mit den Arbeits-AW
das Drehmoment D erzeugt, beim zweipoligen Motor, der weiterhin ausschließlich betrachtet wird, in einer dazu senkrechten, der
„magnetischen Achse"; sie ist die resultierende Achse der den
Induktionsfluß erregenden Windungen, der Erregerwicklung.
Sie soll in den Abbildungen stets mit der Y-Achse des üblichen
Koordinaten-Systems zusammenfallen, so daß dessen X-Achse
die Arbeitsachse ist (Abb. 1). Die wirtschaftliche Zuführung
elektrischer Leistung zu einer Wicklung setzt bei Wechselstrom
eine möglichst weitgehende Beseitigung des induktiven Widerstandes voraus, es muß nach dem Prinzip der bifilaren Wicklung
bzw. des Transformators verhindert werden, daß sich die elektrische
Energie fast ausschließlich in magnetische umsetzt. Daher be-
findet sich in der Arbeitsachse des Läufers stets eine Wicklung
gleicher Achse auf dem Ständer. Deren AW sind bei konduktiver
Energiezufuhr zum Läufer den AW der Läuferarbeitswicklung
nahezu entgegengesetzt gleich, und sie ist dann als „Gegenwicklung" zu bezeichnen. Bei induktiver Energiezufuhr stellt
die Ständerwicklung die Primärwicklung eines Transformators
dar, dessen Sekundärwicklung die Läuferarbeitswicklung ist, und
die AW der beiden Wicklungen weichen nur insoweit voneinander
ab, als es die Erzeugung des Transformator-Induktionsflusses Φ_x
erfordert, der motorisch völlig oder nahezu unwirksam ist. Die
induzierende Wicklung auf dem Ständer möge demnach als
Ständerarbeitswicklung bezeichnet werden. Sämtliche Motoren dieser Art sind im weiteren Sinne als Induktionsmotoren
anzusehen.

Die Behandlung aller dieser Motoren soll von dem Motor
Atkinsons (Abb. 1) ausgehen, da er äußerlich den einfachsten
Fall darstellt, insofern nur zwei Wicklungen vorhanden sind,
die Ständerarbeitswicklung 1 und die Läuferwicklung 2, die, in
der X-Achse kurz geschlossen, als Arbeitswicklung, in der Y-Achse
kurz geschlossen, als Erregerwicklung dient. So wird es möglich,
zunächst alle wesentlichen Züge der Kommutator-Motoren fest-
zustellen, zumal auch in charakteristischer Weise der motorisch
wirkende Induktionsfluß Φ_y von der Läuferwicklung erzeugt wird.

Die Verbesserung dieses Motors, der, wie später nachgewiesen
wird, infolge der Art der Erregung und der Geschwindigkeits-

charakteristik als Nebenschluß-Kurzschluß-Motor (N.K. Motor) bezeichnet werden kann, führt zum „kompensierten N.K. Motor" nach Fynn und Eichberg (siehe Kopf der Tabelle). Die weiteren Veränderungen ergeben sich daraus, daß anders als bisher der Induktionsfluß Φ_y zunächst nicht mehr ausschließlich von der Klemmenspannung P des Motors abhängig gemacht wird, sondern zum Teil und schließlich ganz vom Arbeitsstrom der Ständer- oder Läuferwicklung erzeugt wird. Diese beiden Möglichkeiten weisen nach zwei verschiedenen Richtungen und ergeben abweichende Eigenschaften der Motoren.

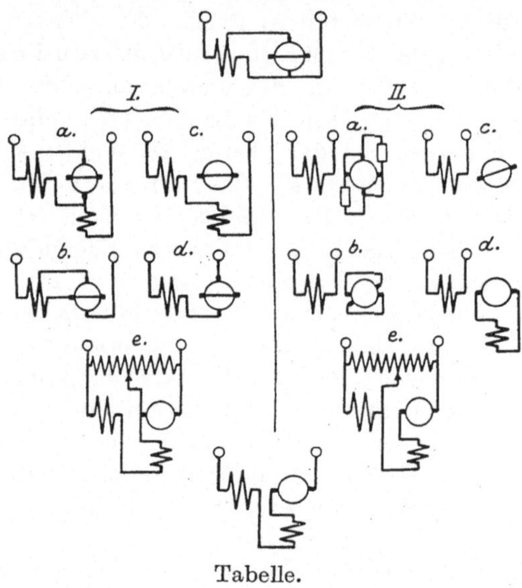

Tabelle.

I. Erregung durch den Ständerarbeitsstrom führt vom kompensierten Nebenschluß-Kurzschluß-Motor zu den „Doppelschluß-Kurzschluß-Motoren", bei denen die Läuferwicklung ganz oder zum Teil als Nebenschluß-Erregerwicklung dient, daneben aber nach einer Erfindung der Felten & Guilleaume-Lahmeyer-Werke (F. G. L.) (siehe Tabelle I a) eine Ständerwicklung — nach einer Erfindung Eichbergs (Tabelle I b) ein Teil der Läuferwicklung — in der magnetischen Y-Achse vom Ständerarbeitsstrom durchflossen wird. Die Beseitigung der Nebenschluß-Erregerwicklung ergibt im letzteren Falle den bekannten „Reihen-Kurzschluß-Motor (R.K. Motor) nach Winter, Eichberg und Latour (Id), im ersteren Falle den R.K. Motor nach Atkinson (Ic), der oft als Repulsionsmotor bezeichnet wird.

II. Wenn man bei dem Motor nach Abb. 1 die Bürsten a_1 und b_1, sowie a_1 und b_2 widerstandslos verbindet, dagegen zwischen b_1 und a_2 sowie b_2 und a_1 gleiche Widerstände einschaltet, (Tabelle II a) so erhält man einen Motor mit Reihenschlußcharakteristik, aber begrenzter Höchstgeschwindigkeit, der in den sogenannten „Repulsionsmotor" mit Doppelbürsten übergeht, wenn die Widerstände unendlich groß werden. Durch gleichmäßige Verschiebung der Bürsten b_1 und b_2 entsteht daraus der Déri-Motor (II b). Der nach Elihu Thomson benannte Repulsionsmotor besitzt an Stelle der beiden Bürstenpaare ein einziges kurzgeschlossenes Bürstenpaar in einer gegen die Achse der Ständerarbeitswicklung veränderlich geneigten Achse (IIc). Seine Wirkungsweise kann aber auf den Motor mit in Reihe geschalteten Bürsten in der X- und Y-Achse zurückgeführt werden. Tritt dabei an die Stelle der Läuferwicklung in der Y-Achse eine Erregerwicklung auf dem Ständer, so entsteht der Atkinsonsche „Repulsionsmotor" (II d). Alle diese Motoren sind richtiger als Induktions-Reihenschluß-Motoren (Ind.R. Motoren) zu bezeichnen, da sie in der Schaltung nur der Umstand von dem gewöhnlichen Konduktions-Reihenschluß-Motor (Kond.R. Motor) mit Gegenwicklung (siehe Tabelle unten), unterscheidet, daß der Läuferarbeitsstrom, der in beiden Fällen zur Erregung des motorisch wirkenden Induktionsflusses Φ_y dient, im Läufer induktiv durch eine Ständerarbeitswicklung erzeugt wird. Zwischen den beiden Schaltungen ist ein allmählicher Übergang durch den „doppelt gespeisten Motor" (Tabelle II e) möglich, indem beide Arbeitswicklungen einen Teil der Gesamtspannung erhalten. Bildet so der Konduktions-Reihenschlußmotor den Abschluß dieser Reihe, so verbindet er sie auch mit den zuerst aufgeführten Kurzschlußmotoren, da bei diesen ebenfalls die Leistung teilweise konduktiv auf den Läufer übertragen werden kann, indem durch einen Haupttransformator nur ein Teil der Gesamtspannung der Ständerarbeits- und der Erregerwicklung, ein anderer Teil aber der Läuferarbeitswicklung zugeführt wird. (Tabelle I e.)

Zweites Kapitel.

Allgemeine Theorie.

Der Aufbau des Vektorendiagrammes.

Das einzige feste, greifbare und sichtbare in der Wechselstromtheorie ist das Vektorendiagramm. Aber in seiner Starrheit ist es auch nur ein Bild, eine Darstellung; zur Vorstellung gelangt man erst, wenn man es gleichsam in der Wechselstrommaschine selbst zu schauen vermag und die gerichteten Größen, die als Vektoren im Diagramm erscheinen, die stofflichen Gebilde in unaufhörlichem, aber periodischem Wechsel durchsetzen und durchströmen sieht, ohne dabei an etwas Körperliches zu denken. Es steht aber frei, in Gedanken diesen periodischen Wechsel beliebig zu verlangsamen und charakteristische Augenblicke festzuhalten; ja in solchem Falle kann man auch im Querschnitt der Maschine die gerichteten Größen in ihrer räumlichen Lage darstellen.

Daher ist es ganz besonders anzustreben, daß die zeitlichen und räumlichen Vorstellungen unbedingt folgerichtig miteinander verknüpft werden, in der Weise, daß sich ganz gesetzmäßig auch aus der zeitlichen Darstellung die räumliche und ebenso das umgekehrte ergibt. Hierzu muß aber vor allem die zeitliche Darstellung im Vektorendiagramm so aufgebaut werden, daß in jedem denkbaren Falle unbedingt zweifelsfrei sich die gegenseitige Lage der einzelnen Größen ergibt, und auch allmähliche Übergänge, bei denen gewisse Größen verschwinden, andere erscheinen, im Diagramm ebenso wie in der Wirklichkeit sich ohne Zwang ganz gesetzmäßig vollziehen.

a) Das Ohmsche Gesetz.

Es handelt sich hier nur um von Induktionsflüssen durchsetzte Wicklungen, die auf dem Ständer (mit Index 1 bezeichnet) oder dem Läufer (mit Index 2 bezeichnet) eines Wechselstrommotors in zwei aufeinander senkrechten Achsen liegen. Nur Wick-

lungen gleicher Achse, die in Reihe geschaltet sind, sollen gegebenenfalls durch eine gemeinsame Klemmenspannung zusammengefaßt werden, dagegen sollen Wicklungen, die um eine
halbe Polteilung gegeneinander versetzt sind, im Diagramm stets
durch besondere Klemmenspannungen unterschieden werden,
auch wenn sie in Reihe geschaltet sind. Unter dieser Voraussetzung kann das Ohmsche Gesetz wie folgt ausgesprochen werden:

„Die vektorielle Summe oder die Resultierende der EMKK E
in den Windungen gleicher Achse, die in Reihe geschaltet sind,
und des negativ genommenen Ohmschen Spannungsverlustes
(— J . w) ist gleich der Spannung P an den Klemmen des Win-
dungssystems."

$$P = \overset{\wedge}{\Sigma} E \overset{\wedge}{+} (— J . w)$$

($\wedge$ bezeichnet geometrische Addition).

Dabei liegt die Auffassung zugrunde, daß verbrauchte elektrische Leistung, hier die in Stromwärme umgesetzte, stets negativ
sein soll. Diese Annahme soll mit der umgekehrten, daß die in
einem Windungssystem erzeugte elektrische Leistung stets positiv
ist, ganz allgemein angewendet werden. Dabei ergibt sich aus den
Gleichungen für die Leistung:

$$L_p = J . P . \cos (J, P) \quad \text{und} \quad L_e = J . E . \cos (J, E),$$

daß im Vektorendiagramm der erzeugten (positiven) elektrischen
Leistung ein Winkel zwischen den
Vektoren von 0^0 bis $\pm 90^0$ ent-
spricht, der verbrauchten (nega-
tiven) elektrischen Leistung ein
Winkel von 180^0 bis $\pm 90^0$.

**In den Diagrammen soll die
Zeitlinie sich im Uhrzeigersinn
gegen die ruhend gedachten Vektoren bewegen.**

Abb. 2a stellt einen Vorgang
dar, bei dem in einem System
entsprechend der EMK E_1 elektrische Leistung erzeugt wird, die
zum Teil entsprechend der EMK
E_2 und dem Ohmschen Spannungsverluste J . w im System selbst in

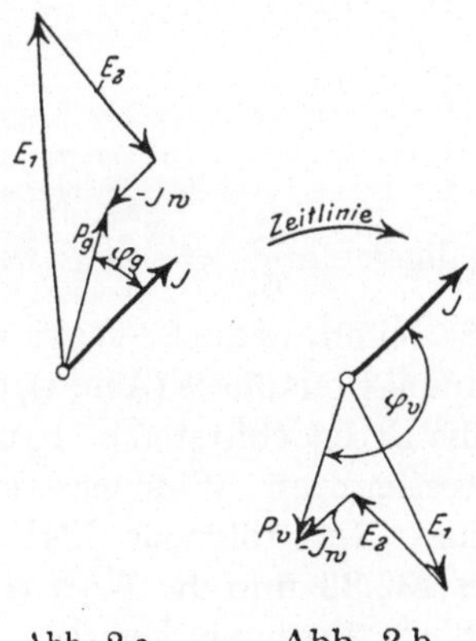

Abb. 2 a.   Abb. 2 b.

andere Energieformen umgesetzt, zum Teil entsprechend der Klemmenspannung P_g nach außen abgegeben wird.

Der Stromvektor J soll stets festgehalten werden, mithin stellt Abb. 2b dar, wie die Generatorspannung P_g des ersten Systems durch die nach der Festsetzung entgegegesetzt gleiche Verbrauchsspannung $P_v = -P_g$ in einem andern System aufgenommen wird.

b) Die elektromotorischen Kräfte in der Kommutator-Trommel-Wicklung.

Außer mit dem Zeichen der Symmetrieachse (x, y) sollen alle elektrischen und magnetischen Größen, sowie die Windungszahlen N, auf dem Ständer mit dem Index 1, auf dem Läufer mit dem Index 2 versehen werden. Es wird vorausgesetzt, daß der Läufer eine Durchmesser-Trommelwicklung besitzt und in der X- und Y-Achse von sinusartig über die doppelte Polteilung verteilten Wechselinduktionsflüssen Φ_{x2} und Φ_{y2} von der Periodenzahl ν durchsetzt wird. Er mache n Umdrehungen in der Minute; die Relativgeschwindigkeit, das Verhältnis der wirklichen Geschwindigkeit zur synchronen, der beim zweipoligen Motor die Drehzahl $n_0 = 60\,\nu$ entspricht, werde mit v bezeichnet.

$$v = \frac{n}{n_0}$$

$$\frac{n}{60} = v \cdot \nu$$

(allgemein $\frac{n}{60} = \frac{v \cdot \nu}{p}$, wenn p die Zahl der Polpaare ist).

Schleifen auf der Läuferwicklung zwei Bürstenpaare in den Achsen der Induktionsflüsse (Abb. 1), die Arbeitsbürsten a_1, a_2 in der X-Achse, die Erregerbürsten b_1, b_2 in der Y-Achse, so treten in den dadurch bestimmten Windungssystemen mit den Windungszahlen N_{x2} und N_{y2} folgende EMKK auf. [Vgl. Streckers Hilfsbuch, S. 432/33 und R. Wolf (Dissertation, Dresden 1910, Verlag von B. G. Teubner Leipzig): „Die experimentelle Bestätigung des Vektorendiagrammes für den W.E.L. Motor."]

1. Vom Induktionsfluß Φ_{x2} erzeugt:

In der Arbeitswicklung durch Transformatorwirkung:

$$E'_{x_2} = \sqrt{2} \cdot \nu \cdot N_{x_2} \cdot \Phi_{x_2} \cdot 10^{-8} \text{ Volt.}$$

In der Erregerwicklung durch Rotation:

$$E''_{y_2} = \sqrt{2} \cdot \frac{n}{60} \cdot N_{y_2} \cdot \Phi_{x_2} \cdot 10^{-8} \text{ Volt.}$$

2. Vom Induktionsfluß Φ_{y2} erzeugt:
In der Erregerwicklung durch Transformatorwirkung:

$$E'_{y_2} = \sqrt{2} \cdot \nu \cdot N_{y_2} \cdot \Phi_{y_2} \cdot 10^{-8} \text{ Volt.}$$

In der Arbeitswicklung durch Rotation:

$$E''_{x_2} = \sqrt{2} \frac{n}{60} \cdot N_{x_2} \cdot \Phi_{y_2} \cdot 10^{-8} \text{ Volt.}$$

Die EMKK der Rotation sind von der Periodenzahl des Induktionsflusses unabhängig, da aber

$$\frac{n}{60} = v \cdot \nu$$

ist, so ist das Verhältnis der durch Rotation entstehenden EMK zu der von demselben Induktionsfluß erzeugten Transformator-EMK gleich v, wenn $N_{x_2} = N_{y_2} = N_2$ ist.

c) Beziehungen
zwischen zeitlicher und räumlicher Darstellung.

Aus dem Induktionsgesetz

$$e = - N \frac{d\Phi}{dt}$$

ergibt sich die früher als wesentlich bezeichnete Verknüpfung der räumlichen und zeitlichen Darstellung wie Vorstellung, besonders wenn man es mit der geläufigen Ampereschen Schwimmerregel vereinigt. Denn man kann die Richtung der EMK in einer Windung zu den räumlichen Achsen, deren positive Richtungen wie im üblichen Koordinatensystem liegen sollen, dadurch in Beziehung bringen, daß man einen Strom in der Richtung der EMK fließend denkt, der einen Induktionsfluß erzeugt. Fällt dieser in die Richtung einer positiven Achse, so wird auch die Richtung der EMK als positiv bezeichnet.

Wenn ein Wechselinduktionsfluß Φ eine ruhende Wicklung durchsetzt, so ist nicht nur die räumliche Beziehung der entstehenden EMK, künftig Transformator-EMK genannt, zum Induktionsfluß, sondern auch ihr Vektor E' gegenüber dem Vektor Φ eindeutig festgelegt.

Dreht sich dagegen eine Wicklung in einem Induktionsfluß, dessen Größe und Richtung konstant ist, so entscheidet der Drehsinn vom Standpunkt eines gegenüber dem Induktionsfluß ruhenden Beobachters aus, über die Richtung der EMK der

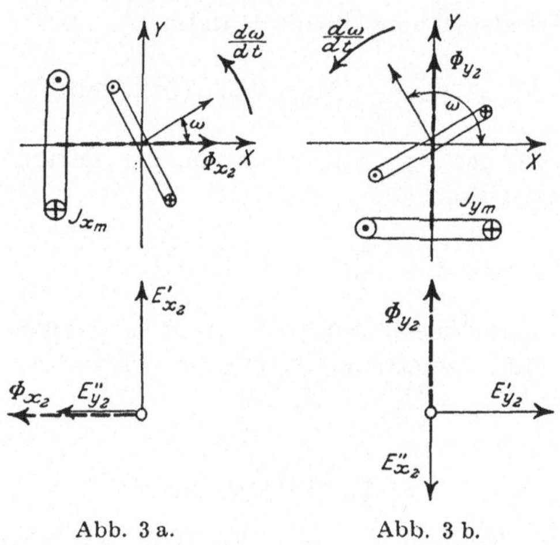

Abb. 3 a.   Abb. 3 b.

Rotation, die in der Wicklung induziert wird, und damit über die Lage ihres Vektors E'' zum Vektor Φ, der den in einer bestimmten Windung sich in bestimmter Weise ändernden Induktionsfluß darstellt.

Als positiver Drehsinn vom Standpunkt des Beobachters aus, wird der dem Uhrzeigersinn entgegengesetzte festgelegt, durch den man bei dem üblichen Koordinatensystem auf dem Bogen $\frac{\pi}{2}$ von der positiven X-Achse zur positiven Y-Achse gelangt.

In den Abbildungen 3a und b sowie 4a und b ist jedesmal ein Zeitpunkt zur Darstellung gebracht, in dem der die rotierende Windung durchsetzende Induktionsfluß von seinem positiven Höchstwert auf Null abnimmt, und also

$$\frac{d\Phi}{dt} = \frac{\partial\Phi}{\partial\omega} \cdot \frac{d\omega}{dt}$$

selbst negativ, die EMK zeitlich positiv ist. Punkt
und Kreuz bezeichnen in den die Windungsquerschnitte
darstellenden Kreisen Spitze und Fiederung des Richtungs-
pfeiles. Vergleicht man die Richtung des Stromes J_m,
der den Induktionsfluß Φ erzeugt, mit der Richtung der
EMK E in der Windung, so sieht man, daß in dem be-

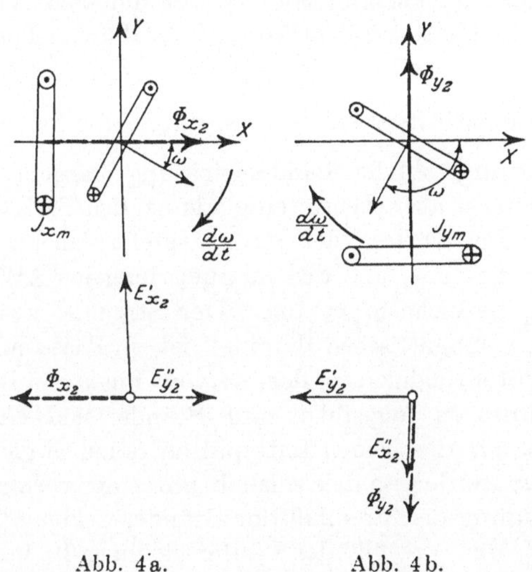

Abb. 4a.   Abb. 4b.

trachteten Zeitabschnitt E und J_m bzw. Φ in Bezug auf
dieselbe Achse (in Abb. 3a die X-Achse) gleichgerichtet sind.
Nach Seite 13 gehört aber die EMK der Rotation stets
der Wicklung an, deren Achse auf der Richtung des
Induktionsflusses senkrecht steht. Die Richtung der
EMK E'' in der betrachteten Windung in Bezug auf
diese Achse (in Abb. 3a die Y-Achse), ob positiv oder
negativ, gibt also an, ob die Vektoren E'' und Φ gleiche
oder entgegengesetzte Richtung haben.

d) Das Vektorendiagramm des Atkinson-Nebenschluß-Kurzschluß-Motors.

Zur Aufzeichnung der Vektorendiagramme sollen außer der magnetischen Sättigung auch die magnetomotorischen Kräfte (MMKK) für die Magnetisierung des Eisens von Ständer und Läufer und die Verluste im Eisen vernachlässigt werden, so daß der Vektor des den Luftspalt durchsetzenden Induktionsflusses Φ_L in Phase mit der vektoriellen Differenz der AW der beiden gleichachsigen Wicklungen, oder, wenn nur eine Wicklung vorhanden ist, in Phase mit dem Vektor der durchfließenden Stromstärke ist.

Der Läuferarbeitsstrom ist stets, durch Division mit $a = \dfrac{N_{x_1}}{N_{x_2}}$ auf die Windungszahl der Ständerwicklung bezogen, dargestellt; die Reduktion ist aber ebensowenig als bei den EMKK besonders angegeben. Das Dreieck der Ströme stellt daher zugleich das Dreieck der AW dar, und den magnetisierenden AW entspricht der mit J_m bezeichnete Vektor. Der Streufluß zwischen zwei Punkten des magnetischen Kreises ist in Phase mit der magnetischen Potentialdifferenz der beiden Punkte. Diese soll in einem bestimmten Augenblick auf Ständer und Läufer für je zwei Punkte an den beiden Luftspalten räumlich gleichgerichtet angenommen werden, so daß zeitlich unter der vorhin genannten Vernachlässigung der Streufluß der Ständerwicklung Φ_{s_1} mit den Ständer-AW, der Streufluß der Läuferwicklung Φ_{s_2} mit den negativen Läufer-AW in Phase ist.

Die übliche rechnungsmäßige Zerlegung eines Wechselstromes in eine leistungslose und eine Leistungs-Komponente gestattet nicht, die wechselseitigen Beziehungen zu klären, die zwischen Erzeuger- und Verbraucher-Wirkung im Wechselstrommotor selbst bestehen. Da in vielen Fällen mehrere Wicklungen, in denen ganz verschiedene EMKK bzw. Klemmenspannungen auftreten, in Reihe geschaltet sind und von demselben Strom durchflossen werden, so empfiehlt sich das umgekehrte, natürlich auch rein rechnungsmäßige Verfahren, den Stromvektor festzuhalten, die einzelnen EMKK und Spannungen aber durch ihre Lote und Projektionen auf den Stromvektor zu bestimmen, so daß nun im allgemeinenen jede Spannung oder EMK in eine Leistungs-Komponente und eine leistungslose Komponente zerfällt. Da die zeitliche Verschiebung der EMKK gleichachsiger Wicklungen gegeneinander durch ihre vektorielle Differenz, die Summe der

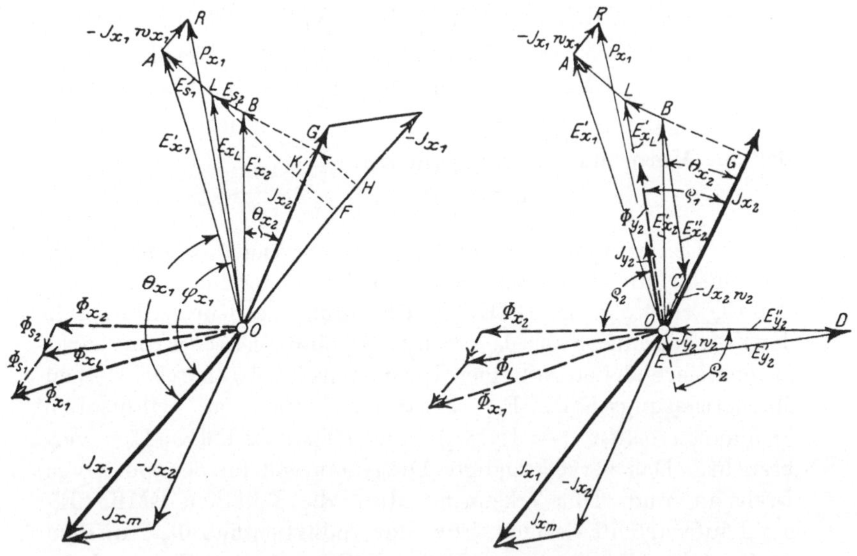

Abb. 5. Diagramm der Arbeitswick lungen des Atkinson-N.K.Motors.

Abb. 6. Atkinson-N.K.Motor (positiver Drehsinn).

sogenannten Streu-EMKK E_{s_1} und E_{s_2} festgelegt ist, so gestattet jenes Vorgehen, den Anteil jeder Wicklung an der Erzeugung des gemeinsamen Induktionsflusses zu bestimmen, was von hohem Werte ist, da die Erzeugung leistungsloser Ströme im Wechselstrommotor eine so große Rolle spielt. Als Beispiel diene zunächst das Diagramm (Abb. 5) der Arbeits-(X-)Wicklungen des Atkinson-Motors (Abb. 1), in dem das vereinfachte Diagramm des allgemeinen Transformators (vgl. Streckers Hilfsbuch, S. 309) zu erkennen ist. Auf welche Weise die elektrische Leistung der Läuferwicklung verbraucht wird, bleibe zunächst unbestimmt.

Zwischen der sekundären Transformator-EMK E'_{x_2} und dem Läuferstrom J_{x_2} besteht die Phasenverschiebung Θ_{x_2}, die durch eine leistungslose EMK $\overline{BG} = E'_{x_2m} = E'_{x_2} \cdot \sin \Theta_{x_2}$ verursacht wird. $E'_{x_2 m}$ ist mit der sekundären Streu-EMK E_{s_2} in Phase. Projiziert man auch E'_{x_1} auf $(-J_{x_1})$ durch $\overline{A\,F}$, so bleibt, von der primären Streu-EMK E_{s_1} abgesehen, die in die Richtung von $\overline{A\,F}$ fällt, die Differenz der Lote $\overline{L\,F}$ und $\overline{L\,G}$, die E_{x_L} auf $(-J_{x_1})$ und J_{x_2} projizieren, d. h. angenähert die eigentliche Magnetisierungs-EMK $\overline{G\,H} = \overline{K\,F}$ übrig. Sie muß in diesem Falle wie alle übrigen leistungslosen EMKK von der leistungslosen Komponente der Netzspannung $P_{x_m} = P_{x_1} . \sin \varphi_{x_1} = \overline{A\,F}$ gedeckt werden, so daß im Motor nur die Komponente

$$P_{x_1 1} = P_{x_1} . \cos \varphi_{x_1}$$

für die Lieferung elektrischer Leistung ausgenützt werden kann.

Durch die Bewegung der Läuferwicklung im Induktionsfluß Φ_{x_2} entsteht eine EMK E''_{y_2}, die infolge des Kurzschlusses in der Y-Achse einen Strom J_{y_2} erzeugt. (Abb. 6).. Dieser Strom wirkt magnetisierend und ruft einen Induktionsfluß Φ_{y_2} hervor, dessen Magnetisierungs-EMK E'_{y_2} zusammen mit dem Ohmschen Spannungsverlust $(-J_{y_2} . w_2)$ die Generator-EMK E''_{y_2} verbraucht. Das vervollständigte Diagramm gilt für den positiven Drehsinn und läßt erkennen, daß die Rotations-EMK E''_{x_2} der Läuferarbeitswicklung, bzw. der Induktionsfluß Φ_{y_2}, in dem sie entsteht, die Phasenverschiebung Θ_{x_2} zwischen E'_{x_2} und J_{x_2} verursacht.

e) Drehmoment und Drehsinn.

Ein über die doppelte Polteilung $2\,\tau$ sinusförmig verteilter Induktionsfluß, z. B. Φ_{y2} soll eine in Drehung befindliche Trommelwicklung von N_2 Windungen durchsetzen. Durch die Wicklung fließe von den Bürsten aus, die bei zweipoliger Anordnung in der zu Φ_{y2} räumlich senkrechten Achse stehen, eine Stromstärke J_{x2} von der Periodenzahl ν des Flusses Φ_{y2} und mit der Phasenverschiebung ρ_1 gegen Φ_{y2}.

Besitzt der Motor p Polpaare und auf dem Läufer 2a parallele Stromkreise, so ist die von Φ , dem Induktionsfluß pro Polpaar, erzeugte EMK der Rotation (vgl. Seite 13)

$$E''_x = \sqrt{2}\, p . \frac{n}{60} . \frac{N_2}{a} . \Phi_{y2} . 10^{-8} \text{ Volt}$$

und die entsprechende mechanische Leistung

$$L_{mech} = J_{x2} \cdot E''_{x2} \cdot \cos \rho_1 \text{ Watt}$$

$$= \frac{1}{9,81} \cdot J_{x2} \cdot E''_{x2} \cdot \cos \rho_1 \text{ mkg/sek},$$

woraus sich durch Division mit der mechanischen Winkelge-schwindigkeit

$$\frac{d\omega}{dt} = \frac{2 \pi n}{60} \text{ sek}^{-1} \quad \text{das Drehmoment ergibt.}$$

$$D_1 = \frac{1}{9,81} \cdot \frac{\mathfrak{f} 2}{2 \pi} \cdot p \cdot \frac{N_2 J_{x2}}{a} \cdot \Phi_{y2} \cdot 10^{-8} \cdot \cos \rho_1 \text{ mkg.}$$

Diese Grundgleichung ist unmittelbar der Ausgangspunkt der Berechnung eines Motors und gibt Aufschluß über den Ein-fluß aller für den Entwurf bestimmenden Faktoren, wie aus einigen Umformungen sofort zu erkennen ist. Dabei soll $\cos \rho = 1$ ge-setzt werden.

$$D = \frac{1}{9,81} \cdot \frac{\mathfrak{f} 2}{\pi} \cdot p^2 \cdot \left[\frac{N_2}{p} \cdot \frac{J_{x2}}{2 a} \right] \cdot \Phi_{y2} \cdot 10^{-8} \text{ mkg.}$$

Der eingeklammerte Ausdruck stellt die AW pro Polpaar dar.

Ist s der Strombelag in Ampere-Leitern pro 1 cm Läuferum-fang, so ist die Durchflutung für die Polteilung τ

$$\frac{N_2}{p} \cdot \frac{J_{x2}}{2 a} = \tau \cdot s$$

$$\text{also } D = \frac{1}{9,81} \cdot \frac{\mathfrak{f} 2}{\pi} \cdot p^2 \cdot \left[\tau \cdot s \right] \cdot \Phi_{y2} \cdot 10^{-8} \text{ mkg}$$

τ, s und Φ_{y2} sind praktisch begrenzt, vor allem mit Rücksicht auf die Stromwendung, aber auch konstruktiv. Nähme man konstante Drehzahl an, so würde die Leistung des Motors mit dem Quadrat der Polzahl zunehmen. Da aber in Wirklichkeit die Umfangsgeschwindigkeit des Kommutators begrenzt ist, so wächst die Leistung proportional der Polzahl.

Eine Gleichung, die unmittelbar der Berechnung dienen kann, erhält man, wenn man Φ durch die maximale Induktion und den Polquerschnitt ausdrückt. Über die Berechnung erschienen Arbeiten von:

20   Fischer-Hinnen: ETZ 1909, H. 21, 22, 23, S. 485, 516, 544.

Rusch: ETZ 1911, H. 7 und 8, S. 157, 190

Ossanna: ETZ 1911, H. 24, 25, S. 581, 614.

Aus den früheren Festsetzungen ergibt sich, daß je nach der Phasenverschiebung, ob sie kleiner oder größer als 90° ist, zwei Größen, deren Wirkungen räumlich in aufeinander senkrechte Achsen fallen, z. B. der Induktionsfluß und die AW, mit denen er ein Drehmoment erzeugt, bestimmte zusammengehörige Richtungen in diesen räumlichen Achsen haben und umgekehrt. In der Abb. 7 sind für Φ und J alle räumlichen Kombinationen dargestellt in den beiden Fällen der Phasenverschiebung:

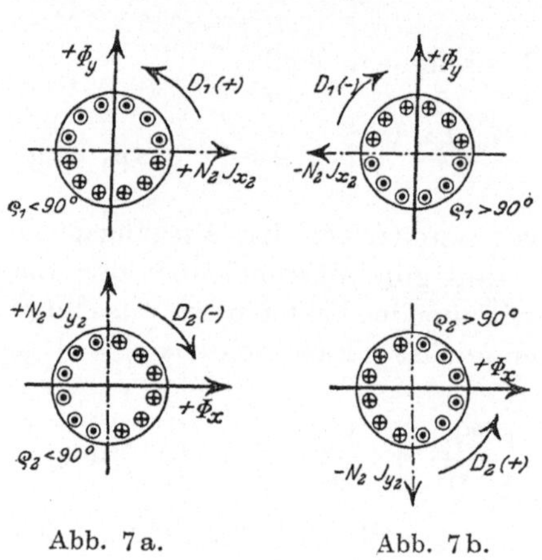

Abb. 7 a.   Abb. 7 b.

$\rho < 90°$, die Vektoren Φ und J haben wesentlich gleiche Richtung.

$\rho > 90°$, die Vektoren haben wesentlich entgegengesetzte Richtung.

a) $\rho < 90°$ $\begin{cases} D_1 = c \cdot \Phi_{y_2} \cdot (N_2 J_{x_2}) \text{ positiv} \\ D_2 = c \cdot \Phi_{x_2} \cdot (N_2 J_{y_2}) \text{ negativ} \end{cases}$

b) $\rho > 90°$ $\begin{cases} D_1 \text{ negativ} \\ D_2 \text{ positiv.} \end{cases}$

Nach dem Diagramm Abb. 6 ist allein infolge der Ohmschen Spannungsverluste

$$\rho_1 > 0 \text{ und}$$
$$\rho_2 < 90°$$

Dementsprechend ist das positive Drehmoment D_1 zwischen Φ_{y_2} und $N_2 J_{x_2}$ das Arbeitsdrehmoment, weshalb auch künftig die in der X-Achse wirksamen Läuferwindungen als

Arbeitswicklung und der Strom J_x als Arbeitsstrom bezeichnet wird.

Für alle Motoren, bei denen die Ständerarbeitswicklung
einen Transformator-Induktionsfluß aufrecht erhält, ergibt danach die gegenseitige Lage der beiden Induktionsflüsse Φ_x und Φ_y,
die im normalen Betriebe eine Phasenverschiebung von ungefähr
90° haben, ein deutliches
Kennzeichen des Dreh-
sinnes im Vektorendia-
gramm. In dem erwähnten
Falle eilt der Ständer-
arbeitsstrom J_{x1} etwa um
90° gegen Φ_x vor, der
Läuferarbeitsstrom um
ebensoviel nach. Beim
positiven Drehsinn
$[\measuredangle\,(\Phi_y,\ J_{x2}) = \rho_1 < 90°]$

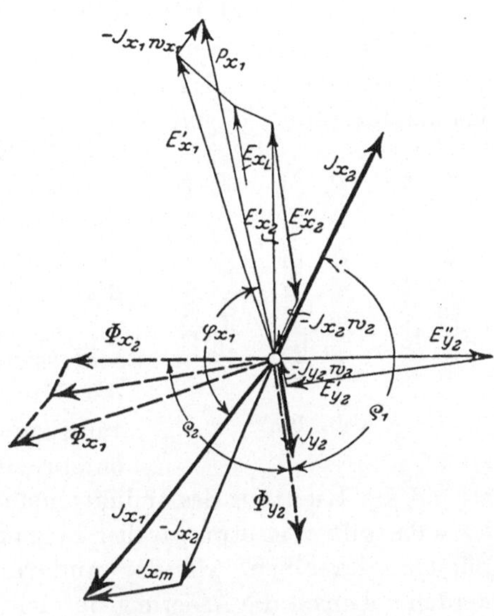

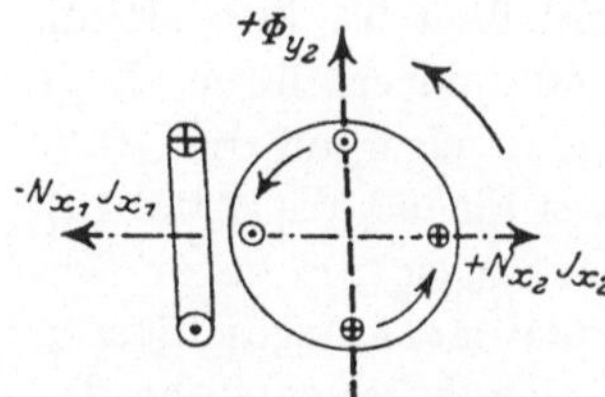

Abb. 8. Entstehung des
positiven Drehsinnes.

Abb. 9. Atkinson-N.K.Motor
(negativer Drehsinn).

(vgl. Abb. 8), eilt also Φ_y gegen Φ_x nach, beim negativen
Drehsinn $[\measuredangle\,(\Phi_y,\ J_{x2}) = \rho_1 > 90°]$ eilt Φ_y gegen Φ_x vor und ist
mit dem Ständerstrom J_{x1} gleich gerichtet.

Diese Tatsache ist besonders wichtig für alle weiterhin zu be-
sprechenden Schaltungen, bei denen der Induktionsfluß Φ_y
nicht von der Klemmenspannung abhängig ist, sondern
vom Arbeitsstrom erzeugt wird. Für sie gilt der Satz: Erregung von Φ_y durch den Ständerarbeitsstrom J_{x1} hat negativen
Drehsinn zur Folge, Erregung durch den Läuferarbeitsstrom
J_{x2} positiven Drehsinn.

Bei dem Nebenschluß-Kurzschluß-Motor hängt der
Drehsinn von der Art des Anlaufs ab; wird der Läufer im

Uhrzeigersinne in Umdrehung versetzt (Abb. 4b), so nimmt die EMK der Rotation E_{y2}'' und damit der Induktionsfluß Φ_y, wenn man Φ_x festhält, die entgegengesetzte Phase an wie bei dem positiven Drehsinn, und das Diagramm nimmt entsprechend Abb. 3b die Gestalt von Abb. 9 an.

f) Die Stromwendung.

Bei der Gleichstrommaschine gewöhnlicher Bauart hat man im allgemeinen zwei EMKK in den unter den Bürsten durchgehenden Läuferspulen zu unterscheiden.

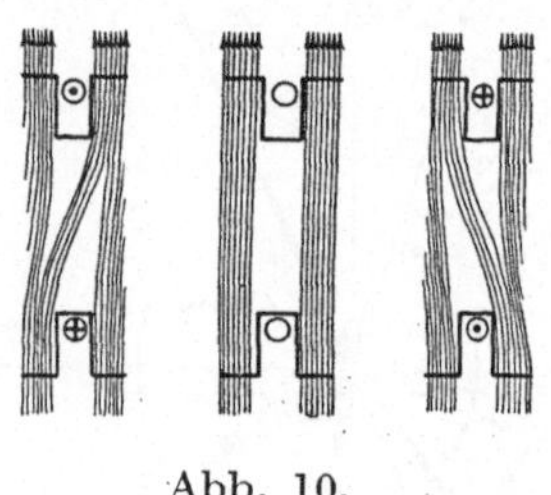

Abb. 10.

1. Durch die Bewegung in dem Induktionsfluß, der den Läufer an der betreffenden Stelle durchsetzt, entsteht eine Rotations-EMK E'', die nach S. 13 zu berechnen ist.

2. Die MMK einer kurzgeschlossenen Spule wechselt innerhalb der Kurzschlußzeit T_k ihre Richtung und übt daher, ihrer Lage entsprechend, weniger auf die Größe als auf die Richtung des Induktionsflusses Einfluß aus (Abb. 10). Dasselbe gilt von etwa parallel liegenden Spulen, die unter den Bürsten derselben wie der andern Polarität kurzgeschlossen werden. Durch die Änderung des Induktionsflusses entsteht daher eine EMK der Selbstinduktion und gegenseitigen Induktion, die Wende-EMK E_w.

Beide EMKK lassen sich beseitigen.

Wird durch eines der bekannten Mittel, durch Bürstenverschiebung oder eine Gegenwicklung auf dem Ständer, die magnetische Induktion an der Wendestelle gleich Null gemacht, so verschwindet die EMK der Rotation E''. Die Wende-EMK E_w wird zu Null, wenn man die Wirkung der MMKK der kommutierten Spulen auf diese selbst durch die entgegengesetzt gleiche Wirkung einer besonders erzeugten MMK aufhebt, so daß die resultierende Änderung des Induktionsflusses in der kurzgeschlossenen Spule gleich Null ist. Anders ausgedrückt, ruft man durch einen vom Ständer aus erzeugten Induktionsfluß eine Rotations-EMK von entgegengesetzter Richtung wie die Wende-EMK E_w hervor, die selbst der Geschwindigkeit proportional ist.

Die letztere Auffassung gestattet bei Wechselstrom, wo alle elektrischen und magnetischen Größen eine Phasenverschiebung gegen einander haben können, eine eingehende und zugleich übersichtliche Untersuchung, sowie eine einfache Darstellung durch das Vektorendiagramm.

Übrigens ist hier ein weiteres Eingehen auf die Wende-EMK und ihre Beseitigung nicht angängig; sie ist bei Wechselstrommotoren, zumal ihr absoluter Wert infolge des durch andere Rücksichten bedingten Entwurfs klein zu sein pflegt, von untergeordneter Bedeutung und soll nur, wenn erforderlich, zur Erklärung der praktisch beobachteten Erscheinungen herangezogen werden.

Die Hauptrolle für die Stromwendung der Wechselstrommotoren spielt neben der EMK der Rotation E'', die durch den Induktionsfluß in Richtung der Bürstenachse entsteht, die Transformator-EMK E'; diese erzeugt der periodische Wechsel des Induktionsflusses, der die kurzgeschlossene Spule in der Richtung ihrer eigenen Achse durchsetzt.

Die EMKK in den kurzgeschlossenen Spulen sollen nach den Bürsten, die den Kurzschluß bewirken, mit den Indizes a und b bezeichnet werden.

Unter den Arbeits- (X-)Bürsten wirken die EMKK mit den Höchstwerten

$$E'_{a_0} = 2\,\pi\,\nu \cdot N_k \cdot \Phi_{y_2} \cdot 10^{-8}\,\text{Volt}$$
$$E''_{a_0} = v \cdot 2\,\pi\,\nu \cdot N_k \cdot \Phi_{x_2} \cdot 10^{-8}\,\text{Volt};$$

sie sind proportional den EMKK, die in der gesamten Erregerwicklung entstehen. Die EMKK an etwa vorhandenen Erreger- (Y-)Bürsten sind

$$E'_{b_0} = 2\,\pi\,\nu \cdot N_k \cdot \Phi_{x_2} \cdot 10^{-8}\,\text{Volt}$$
$$E''_{b_0} = v \cdot 2\,\pi\,\nu \cdot N_k \cdot \Phi_{y_2} \cdot 10^{-8}\,\text{Volt};$$

sie sind proportional den EMKK der gesamten Arbeitswicklung.

Solange sich, wie bei dem bisher betrachteten Motor, diese EMKK in jedem Wicklungssystem nahezu aufheben, ist das auch in den kurzgeschlossenen Spulen der Fall. Eine große Differenz, die sich bei anderen Schaltungen zwischen den beiden EMKK der Transformation und Rotation in einer Wicklung ergibt, kann durch eine Spannung zwischen den Bürsten aufgenommen werden; aber in der kurzgeschlossenen Spule kann eine zu große resultierende EMK nur durch Änderung des Größenverhältnisses der für die Spule wirksamen Induktionsflüsse, unter Umständen für einen bestimmten Geschwindigkeitsbereich durch besondere örtliche Wicklungen unschädlich gemacht werden. Sofern sich der Betrieb vorzugsweise auf die Nähe der Synchrongeschwindigkeit beschränkt, wird man im allgemeinen und einfachsten Falle auf besondere Einrichtungen verzichten und die Größe und Phasenverschiebung der drei von Natur vorhandenen EMKK E_w, E', E'' so einzurichten suchen, daß die Resultierende angenähert gleich Null wird.

Zunächst soll die Stromwendung immer nur bei den Betriebsschaltungen berücksichtigt werden, wogegen die Verhältnisse beim Anlauf erst später in Verbindung mit den besonderen Anlaß-Schaltungen betrachtet werden.

Drittes Kapitel.

Die Kurzschlußmotoren.

a) Der Atkinson-Nebenschluß-Kurzschluß-Motor.
(Abb. 1).

Die bekannten Eigenschaften des Motors sollen hier nur angeführt werden, soweit sie von grundsätzlicher Bedeutung für die Betrachtung der übrigen Motoren sind.

In Abb. 6 ist das EMK-Dreieck der Y-Wicklung OED rechtwinklig bei E; daraus folgt

$$E'_{y_2} = E''_{y_2} . \sin \rho_2$$
$$\Phi_{y_2} = v . \Phi_{x_2} . \sin \rho_2;$$

da stets $\rho_2 \sim 90^0$ sein muß, weil $E'_{y_2} \sim E''_{y_2}$ ist, so ist bei konstanter Klemmenspannung, wobei Φ_{x_2} nahezu konstant ist, der Induktionsfluß Φ_{y_2} proportional der Geschwindigkeit.

Aus der Gleichung

$$E''_{x_2} = v . \sqrt{2} . \nu . N_2 . \Phi_{y_2} . 10^{-8}$$

folgt aber, wenn man obigen Wert für Φ_{y_2} einsetzt:

$$E''_{x_2} = v^2 . \sqrt{2} . \nu . N_2 . \Phi_{x_2} . \sin \rho_2 . 10^{-8}$$

$$= v^2 . E'_{x_2} . \sin \rho_2 .$$

Bei größerer Belastung sind die Winkel ρ_1 und Θ_{x_2} verhältnismäßig klein, wie es das Drehmoment bedingt. Dann folgt aus Dreieck O B C, daß angenähert

$$J_{x_2} = \frac{E'_{x_2} - E''_{x_2}}{w_2}$$

$$= \frac{E'_{x_2}}{w_2} . (1 - v^2 . \sin \rho_2)$$

ist.

Der Arbeitsstrom J_{x_2} ist also bei konstanter Klemmenspannung ungefähr $(1-v^2)$ proportional und nimmt jedenfalls schneller zu, als E''_{y_2}, J_{y_2} und Φ_{y_2} abnehmen; außerdem wird ρ_1 kleiner, da die Phase von Φ_{y_2} und E''_{x_2} als konstant angesehen werden kann. Das Drehmoment D_1 nimmt daher mit abnehmender Geschwindigkeit rasch zu, so daß die Geschwindigkeitscharakteristik der des Gleichstromnebenschlußmotors entspricht. Da aber bei der geringen Geschwindigkeitsänderung die Generator-EMK E''_{y_2}, die für die Erzeugung von Φ_{y_2} maßgebend ist, unter Vermittlung von Φ_x im wesentlichen nur von der K l e m m e n spannung abhängt, so ist man berechtigt, geradezu von Nebenschlußerregung zu sprechen.

Der Leistungsverbrauch in der Erregerwicklung durch die Stromwärme verursacht das negative Drehmoment, dem bei der Winkelgeschwindigkeit

$$\frac{2 \pi . n}{60} = 2 \pi \nu v$$

ein Verbrauch an mechanischer Leistung

$$L_{mech} = D_2 . 2 \pi \nu . v$$

$$= \sqrt{2} . \nu . v . N_2 \Phi_{x_2} . 10^{-8} . J_{y_2} . \cos \rho_2$$

$$= E''_{y_2} . J_{y_2} . \cos \rho_2$$

entspricht. Die Generator-EMK E''_{y_2} zerfällt daher in die Leistungksomponente

$$E''_{y_2 1} = E''_{y_2} . \cos \rho_2 = J_{y_2} . w_2 = \overline{O E}$$

und in die Magnetisierungskomponente

$$E''_{y_2 m} = E''_{y_2} \cdot \sin \rho_2 = \overline{ED}$$

Der gesamte Energieumsatz im Motor verläuft nach folgendem Schema:

$$
\begin{array}{c}
\text{Primäre el. Leistung } J_{x_1} \cdot P_{x_1} \cos \varphi_{x_1} \\
\hline
\text{Stromwärme } J_{x_1}^2 \cdot w_{x_1} \;\Big|\; \text{magn. Leistung } J_{x_1} \cdot E_{x_1} \cdot \cos \Theta_{x_1} \\
\hline
\text{sek. el. Leistung } J_{x_2} \cdot E_{x_2} \cdot \cos \Theta_{x_2} \\
\hline
\text{Stromwärme } J_{x_2}^2 \cdot w_2 \;\Big|\; \text{mech. Leistung } J'_{x_2} \cdot E''_{x_2} \cdot \cos \rho_1 \\
\hline
\text{el. Leistung der Y-Wicklung } J_{y_2} \cdot E''_{y_2} \cdot \cos \rho_2 \;\Big|\; \text{Nutzleistung } L_{\text{mech}} \\
\hline
\text{Erregerstromwärme } J_{y_2}^2 \cdot w_2
\end{array}
$$

b) Aufhebung der primären Phasenverschiebung.

Um den bisher besprochenen Atkinson-N. K. Motor, der aus den vorstehend angeführten Gründen einen sehr geringen Wirkungsgrad und Leistungsfaktor besitzt (Literatur s. später), praktisch brauchbarer zu machen, ist die wesentlichste Aufgabe, die primäre Phasenverschiebung durch Bekämpfung der sekundären zu vermindern und so zugleich die Stromwärme zu verringern, womöglich auch die Überlastungsfähigkeit zu vergrößern. Diesen Gedanken hat V. A. Fynn in England zuerst in die Tat umgesetzt.

Um die Phase des Läuferarbeitsstromes J_{x_2} zu verändern, kann man eine Spannung von geeigneter Größe, die etwa 90^0 nacheilende Phasenverschiebung gegen E'_{x_2} und J_{x_2} hat, in den Stromkreis der Läuferarbeitswicklung einführen. Dadurch kann die nacheilende leistungslose Komponente der Rotations-EMK E''_{x_2} aufgehoben, ja sogar durch eine voreilende ersetzt werden, die alsdann die primäre Magnetisierungs-EMK ganz oder zum Teil aufbringt, so daß es möglich ist, den Leistungsfaktor $\cos \varphi = 1$ zu machen. Eine EMK von geeigneter Phase ist die Transformator-EMK E'_{y_2}, die von Φ_y erzeugt wird. Die erforderliche Spannung P_{x_2} ist aber nur klein, daher kann man auf dem Ständer in der Y-Achse eine kleine Hilfswicklung N_{y_h} anbringen und mit der Läuferarbeitswicklung in Reihe schalten (Abb. 11). Was hierbei eintritt, kann man sich an Abb. 5 vergegenwärtigen, wenn man das Dreieck der negativen Stromvektoren der Zeitlinie und dem Uhrzeigersinn entgegenbewegt, wie es dem wirklichen Vorgang entspricht. Man sieht dann, wie die leistungslose EMK $E'_{x_1m} = \overline{BG}$ bis Null abnimmt und schließlich die entgegengesetzte Richtung annimmt, wenn die primäre leistungslose EMK $\overline{AF}$ immer kleiner und schließlich gleich Null werden soll. Wie dann E'_{x_1m} gedeckt wird, geht aus Abb. 12a hervor. Obwohl die EMK der Rotation E''_{x_2} ihre Phase beibehält, bewirkt doch die von der Spannung P_{x_2} ermöglichte veränderte Phase

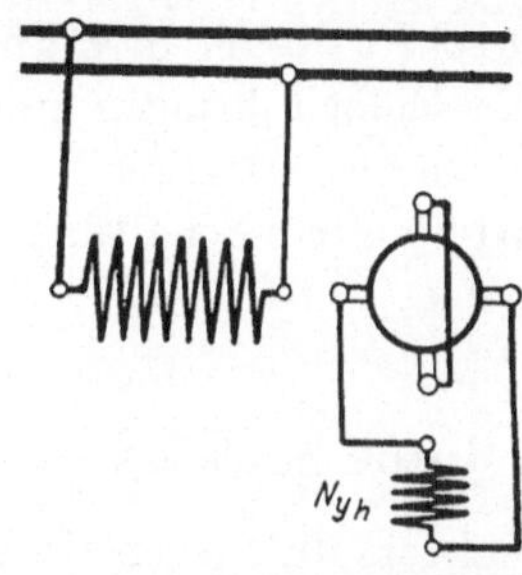

Abb. 11.

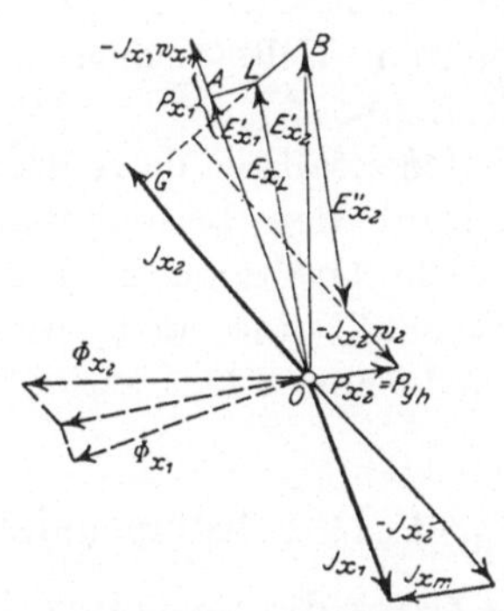

Abb. 12a.

des Stromes J_{x_2}, daß E''_{x_2} in bezug auf J_{x_2} eine voreilende leistungslose Komponente besitzt.

Das Verfahren hat aber zur Folge, daß die Stromstärke in der Y-Läuferwicklung größer wird, da diese mit der Ständerhilfswicklung als Transformator nach Abb. 12b zusammenwirkt. Nach dem gezeichneten Diagramm ist sogar ein gewisser

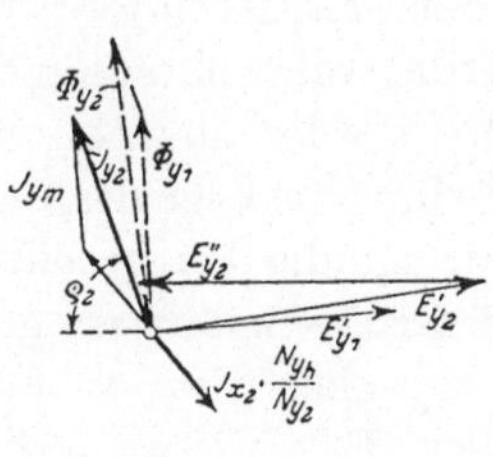

Abb. 12b.

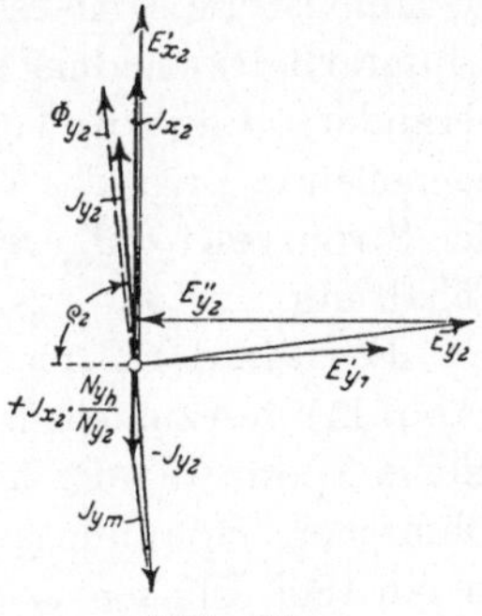

Abb. 13.

Leistungsstrom, bzw. eine Leistungsspannung, von der Hilfswicklung aufzubringen, wodurch ρ_2 verkleinert und das negative Drehmoment vergrößert wird. Soweit darf man also in Wirklichkeit nicht gehen. Begnügt man sich mit einer geringeren Verbesserung des primären Leistungsfaktors, so kann im Gegenteil elektrische Leistung von der Arbeitswicklung in die Erregerwicklung geliefert werden, während letztere nur noch Magnetisierungsstrom in die X-Wicklung zurückliefert. Dann verhält sich die Y-Läuferwicklung wie eine sekundäre Transformatorwicklung, die in der nunmehr primären Hilfswicklung nur eine leistungslose EMK hervor ruft (Abb. 13).

Jedenfalls ist die Anordnung nicht sehr wirksam, da man nicht zugleich den Leistungsfaktor auf die Einheit bringen und das nützliche Drehmoment erhöhen kann. Dies bestätigt auch Fynn, der deshalb eine zweite, wesentlich vorteilhaftere Schaltung praktisch durchgebildet hat.

c) Der kompensierte N.K. Motor nach Fynn.

Da es die ungünstige Lage des Vektors Φ_{y_2} gegen Φ_{x_2}, mit andern Worten die ungünstige Größe des Winkels ρ_2 ist, die die Ursache aller Nachteile des Atkinson-N.K. Motors bildet, so kommt es darauf an, sie selbst vorteilhaft zu gestalten und damit gründliche Abhilfe zu schaffen. Könnte man z. B. beim positiven Drehsinn erreichen, daß Φ_{y_2} gegen Φ_{x_2} um etwas mehr als 90^0 nacheilt, d. h. $\rho_2 > 90^0$ wird, so ergäbe sich daraus, daß erstens das vorher negative Drehmoment D_2 auch positiv würde, während D_1 mindestens seine Größe beibehielte — und daß zweitens in der Läuferarbeitswicklung selbst ohne äußeren Eingriff nur durch die veränderte Lage des Vektors der Rotations-EMK E''_{x_2} die günstige nacheilende Lage des Vektors E'_{x_2} der Transformator-EMK gegen den Stromvektor J_{x_2} verursacht würde, während dies in der ersten Schaltung nur zwangsweise erreicht werden konnte.

Es ist in der Tat möglich, die gewünschte Lage des Vektors Φ_{y2} (Abb. 14) herzustellen. Wenn man an die Erregerbürsten eine kleine Spannung P_{y_2} legt, die nach Größe und Phase genau dem Ohmschen Spannungsverlust $J_{y_2}\, w_2$ gleich ist, so erhält E'_{y_2} genau 180^0 Phasenverschiebung gegen E''_{y_2}, wie wenn die Läuferwicklung widerstandslos wäre, und es wird $\rho_2 = 90^0$, $\Phi_{y_2} \perp \Phi_{x_2}$.

Macht man die äußere Spannung an den Erregerbürsten noch etwas größer, so daß nicht nur die Stromwärme gedeckt, sondern noch eine kleine Leistung zugeführt wird, so kann $\rho_2 > 90^0$ gemacht werden, was weniger um des kleinen positiven Drehmomentes willen wichtig ist, als wegen der Wirkung auf die Arbeitswick-

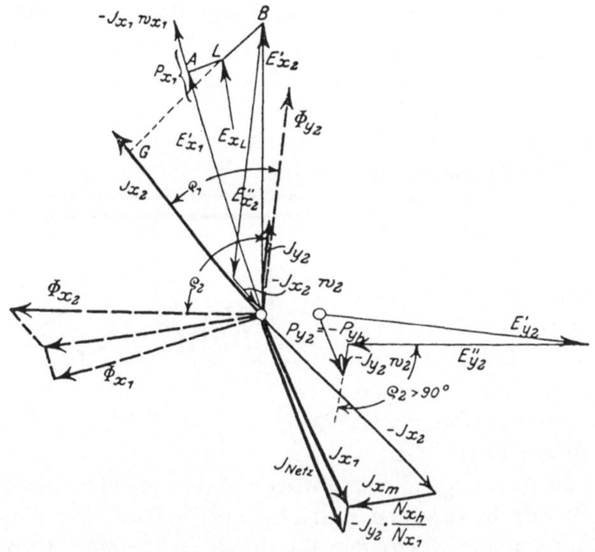

Abb. 14. Kompensierter N.K. Motor nach Fynn (positiver Drehsinn).

lungen. Damit ρ_1 nicht zu groß und das Hauptdrehmoment D_1 nicht verkleinert wird, darf die Erregerspannung nicht größer gemacht werden, als nötig ist, um den gewünschten primären Leistungsfaktor zu erreichen; es kann vorteilhaft sein, ihn nicht völlig der Einheit gleich zu machen.

Wenn ein kleines positives Drehmoment D_2 entsteht, das ja von der Geschwindigkeit nahezu unabhängig ist, so muß der Motor etwas übersynchron laufen, damit das Gesamtdrehmoment zu Null wird, sofern nicht der Induktionsfluß Φ_{y_2}, der jetzt von der vektoriellen Summe von E''_{y_2} und P_{y_2} abhängt, schon unterhalb der Synchrongeschwindigkeit so groß wird, daß $E''_{x_2} \sim E'_{x_2}$ wird.

Woher die kleine Hilfsspannung an den Erregerbürsten genommen wird, ist an sich gleichgültig, wenn sie nur annähernd mit Φ_y in Phase ist. Dieser Bedingung entspricht die Phase von

E'_{x_1} und P_{x_1}, daher kann man entweder einen besonderen kleinen Transformator parallel zum Netz anbringen, oder auf dem Ständer in der X-Achse eine Hilfswicklung N_{x_h} anordnen, die vom Induktionsfluß Φ_x durchsetzt wird (Abb. 15). Die Rückwirkung einer solchen Wicklung auf die Ständerarbeitswicklung ist nur sehr gering, da allein die im Vergleich zur Gesamtleistung der Wicklung sehr geringe Leistung der Y-Wicklung übertragen wird. Bei diesem Motor ist die Phasenverschiebung zwischen E''_{y_2} und J_{y_2} größer als 90°. Die EMK E''_{y_2} erzeugt zwar den Strom für die Magnetisierung in der Y-Achse noch zum größten Teil, soweit nicht eine Komponente der Hilfsspannung dazu mitwirkt, aber ihre Leistungskomponente ist das Maß der durch die Wirkung des nützlichen Drehmomentes D_2 verbrauchten Leistung. Der beschriebene Motor wird als der „kompensierte N. K. Motor" bezeichnet.

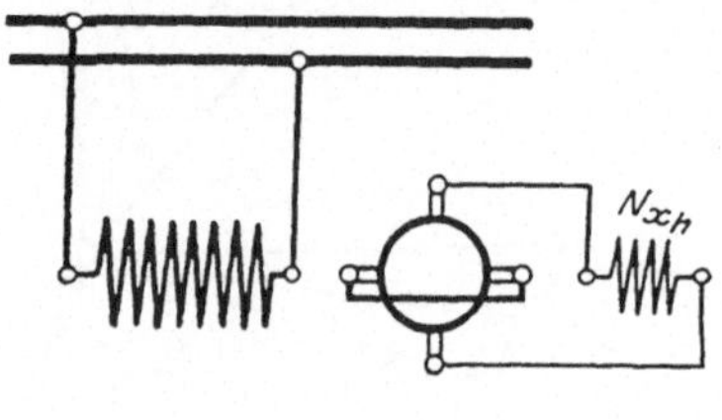

Abb. 15.

Die Bezeichnung „kompensiert" besagt hier allgemein, daß der Motor besondere Einrichtungen besitzt, um den primären Leistungsfaktor der Einheit zuzuführen. Daß diese vollständig erreicht wird, ist weder für den Betrieb unbedingt nötig, noch auch für den Motor immer zweckmäßig, da der Läuferarbeitsstrom dann entsprechend den gesamten AW vergrößert wird, die zur Erzeugung des Induktionsflusses Φ_x nötig sind, so daß die schwierig zu bewältigende Verlustwärme des Läufers unter Umständen so groß wird, daß die Einbuße an Wirkungsgrad und Materialausnutzung den Vorteil der Kompensierung überwiegt. Auch dieser Motor ist aber nicht, wie es meistens geschieht, wegen der kleinen äußeren Nebenschlußspannung P_{y_2} als Nebenschlußmotor aufzufassen, — denn P_{y_2} kann plötzlich ausgeschaltet werden, ohne daß sich das Verhalten des Motors äußerlich ändert — sondern weil die Magnetisierungs-EMK E''_{y_2} durch die Abhängigkeit von Φ_x und P_{x_1} nahezu konstant gehalten wird.

d) Der kompensierte N.K. Motor mit Anlaßschalter.

Gegenüber der bisherigen Schaltung des kompensierten N.K. Motors bedeutet es nur eine geringe Änderung, wenn man die Hilfswicklung in der X-Achse mit der Ständerarbeitswicklung vereinigt (Abb. 16), also einfach einen kleinen Teil der Arbeitsspannung P_{x_1} unmittelbar als Hilfsspannung benutzt. Praktisch ist die Änderung aber sehr wichtig, da die Erregerwicklung vom Ständerstrom durchflossen wird, sobald man den Schalter c öffnet. Der Motor kann in dieser Schaltung als Reihen-Kurzschluß-Motor angelassen werden; darauf wird später eingegangen. Zunächst ist

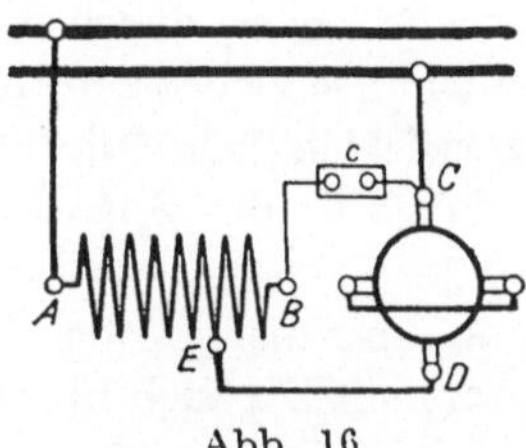

Abb. 16.

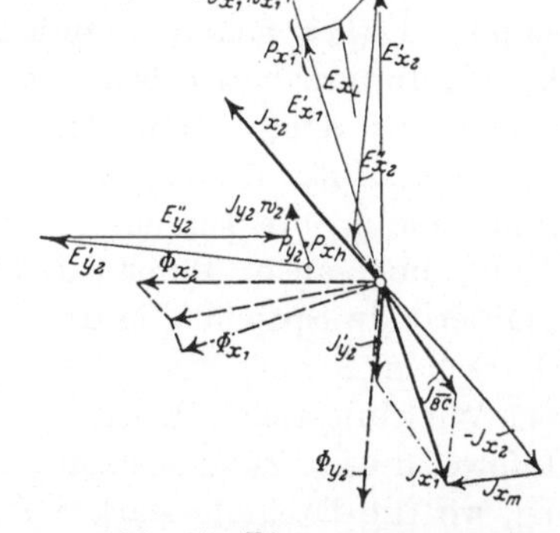

Abb. 17. Diagramm zu Abb. 16 (negativer Drehsinn).

nur wichtig, daß der Motor in der Anlaufschaltung den negativen Drehsinn annehmen muß, da der Induktionsfluß Φ_y mit dem Ständerarbeitsstrom und daher mit den negativen Läuferarbeits-AW in Phase ist (vgl. S. 21). Diesen Drehsinn kann aber der N.K.Motor ohne weiteres annehmen, und der Motor arbeitet daher als solcher weiter, wenn nach dem Anlauf der Schalter c geschlossen wird. Dabei ist nur die Frage aufzuwerfen, wie sich der Ständerarbeitsstrom von dem Verzweigungspunkte E an verteilt, von dem aus die Wege E B C und E D C möglich sind. Festzuhalten ist, daß die Y-Läuferwicklung nach wie vor über die wenigen Windungen der Ständerwicklung kurzgeschlossen ist, so daß B C D E B einen unabhängigen Stromkreis darstellt, in dem an die Erregerbürsten die kleine Spannung gelegt ist, die zwischen B und E auftritt. Unter Berücksichtigung des negativen Drehsinns kann daher das Diagramm genau so wie das vorige aufgezeichnet werden (Abb. 17). Nur ist Φ_{y_2} um 180° gegen die

Lage in Abb. 14 verschoben. Der Erregerstrom J_{y2} ist von der Belastung nahezu unabhängig und konstant. Deshalb verläuft der Strom durch E B C in Wirklichkeit entsprechend der vektoriellen Differenz des Ständerstromes J_{x1} und des Erregerstromes J_{y2} (vgl. Diagramm Abb. 17) die mit der Belastung nach Größe und Phase veränderlich ist. Beim Anlauf muß der Schalter c geöffnet sein und nahezu die ganze Klemmenspannung durch E'_{y2} aufgenommen werden, weil die Arbeitswicklungen zunächst als sekundär kurzgeschlossener Transformator wirken, während in der Betriebsschaltung die Ständerwicklung allein die gleiche Klemmenspannung aufnimmt. Daher müssen Ständer- und Läuferwicklung etwa gleiche Windungszahlen haben; der Erregerstrom J_{y2} entspricht aber dann nur dem Leerlaufstrom der Ständerarbeitswicklung, da beim N.K.Motor Φ_y ungefähr gleich Φ_x ist. Darum fließt bei Belastung der größte Teil des Ständerarbeitsstromes durch B C. Man kann auch sagen: Durch C D E fließt nur so viel Strom, daß die resultierende Spannung in der Erregerwicklung einschließlich des Ohmschen Spannungsverlustes gerade gleich der Spannung an dem Wicklungsteil B E ist.

Infolge dieses Zusammenhanges muß aber bei großer Belastung, wo die Drehzahl stärker abnimmt, mit E''_{y2} auch hier E'_{y2} und Φ_{y2} abnehmen. Deshalb erreicht auch der kompensierte N.K.Motor unbefriedigend schnell den Abfallpunkt, wo das Drehmoment mit abnehmender Drehzahl abnimmt.

e) Doppelschluß-Kurzschluß-Motoren.

Um den vorerwähnten Nachteil zu überwinden, haben zuerst die F. G. L. W. dem kompensierten N. K. Motor eine Reihenerregerwicklung auf dem Ständer angefügt, die, vom Ständerarbeitsstrom durchflossen, die Nebenschlußerregerwicklung bei stärkerer Belastung unterstützen soll. Die theoretische Behandlung der Doppelschlußmotoren möge sich aber an eine später von Eichberg angegebene Schaltung anschließen, die als Übergangsstufe wichtiger

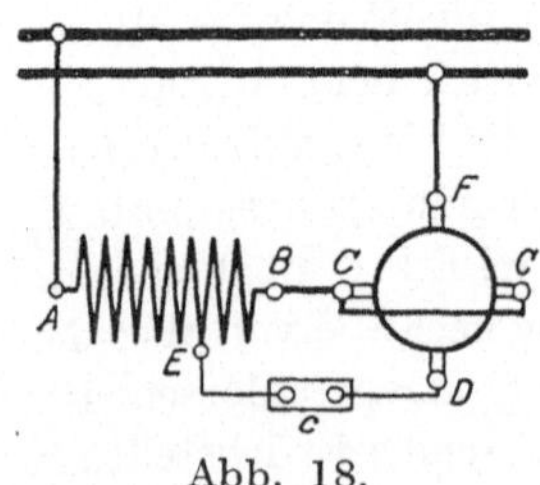

Abb. 18.

ist, da sie im einfachsten Falle keine neuen Bestandteile des Motors erfordert (Abb. 18).

Die Kurzschlußbürsten in der Arbeitsachse werden benutzt, um die Y-Erregerwicklung zu teilen. Der Nebenschlußkreis B C D E B ist auch hier vorhanden, umfaßt aber nur die halbe Läuferwicklung. Durch die andere Hälfte C F der Läuferwicklung fließt der gesamte Ständerarbeitsstrom J_{x_1}. Damit tritt zum ersten Male die Reihenerregung in die Betrachtung ein, ist aber hier erst von untergeordneter Bedeutung und dient, wie Eichberg selbst sagt, nur dazu, „den Induktionsfluß Φ_y zu versteifen". Denn in der Nebenschlußerregerwicklung bestehen genau dieselben Verhältnisse wie in den bisher betrachteten Fällen; d. h. $E''_{y2} \sim E'_{y2}$. Deshalb muß nach wie vor $\Phi_y \sim v \cdot \Phi_x$ sein. Die MMK der anderen Hälfte der Läuferwicklung, die vom Ständerstrom durchflossen wird, wirkt aber gleichfalls auf den Y-Induktionsfluß ein; da nun die beiden Wicklungen auf demselben Eisenkern und sogar in denselben Nuten liegen, so ist fast keine Streuung zwischen ihnen möglich, und zwischen C und D, im Nebenschlußkreise, muß daher ein Strom von solcher Größe und Phase fließen, daß die geometrische Differenz der AW in der Nebenschluß- und der Reihenschluß-Wicklung gerade der MMK entspricht, die zur Erzeugung von Φ_y in der Größe, wie sie das Vieleck der EMKK erfordert, nötig ist.

Für den Betrieb ist nach den früheren Darlegungen folgendes charakteristisch:

1. (Abb. 19). Der Ständerarbeitsstrom J_{x1} ist nahezu in Phase mit dem Induktionsfluß Φ_{y2}, wirkt also im richtigen Sinne magnetisierend von der Y-Läuferwicklung aus. J_{x1} ist aber bei Leerlauf sehr klein, denn der Induktionsfluß Φ_x wird dann fast allein vom Läuferarbeitsstrom J_{x2} erzeugt, der wegen der fast unveränderlichen Lage der Vektoren Φ_{y2} und E''_{x2} entsprechend voreilt. Bei Leerlauf muß also Φ_{y2} fast ganz durch den Nebenschlußerregerstrom erzeugt werden.

2. (Abb. 20). Bei großer Belastung ist der Ständerarbeitsstrom viel größer als der für Φ_y erforderliche Magnetisierungsstrom. Φ_y kann aber eine bestimmte Größe nicht überschreiten, weil E''_{y2n} konstant ist. Daher verschieben sich die Vektoren des Vielecks der EMKK, die in der Nebenschlußwicklung auftreten, derart, daß der Nebenschlußstrom J_{y2} die MMK der Reihenschlußerregung zum Teil aufhebt, so daß die resultierende MMK gerade der erforderlichen Größe von Φ_y entspricht. J_{y2} ändert also

seine Größe und Phase sehr stark von Leerlauf bis Vollast, ganz im Gegensatz zu der vorher besprochenen Schaltung. Eichberg sagt: „Der Strom im Nebenschlußkreise nimmt vom Leerlauf an zunächst ab, dann wieder zu." Dies geht deutlich aus den beiden Diagrammen Abb. 19 und 20 hervor. Die Stromstärke in der Nebenschlußwicklung ist am kleinsten und ihr Vektor nahezu um 90^0 gegen Φ_y verschoben, wenn der Ständerarbeitsstrom gerade so groß geworden ist, daß er den Induktionsfluß Φ_y allein erzeugen kann. Durch die Verbindung B C fließt natürlich wieder die vektorielle Diffe-

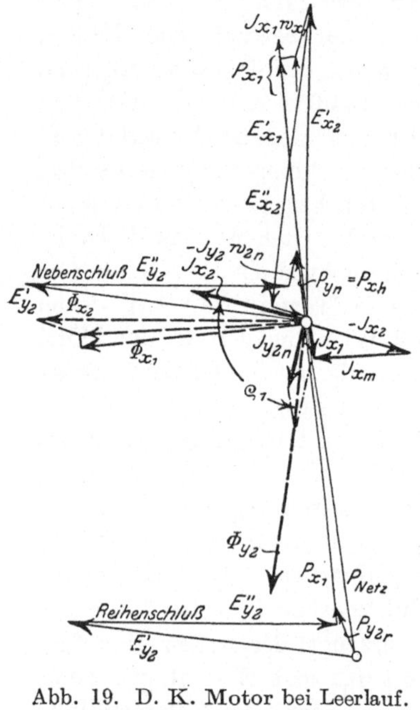

Abb. 19. D. K. Motor bei Leerlauf. 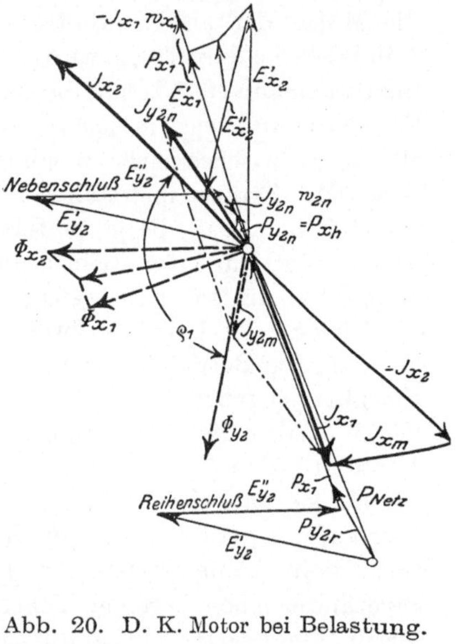   Abb. 20. D. K. Motor bei Belastung.

renz von J_{x1} und J_{y2}, die man im Diagramm erhält, wenn man die Endpunkte dieser beiden Vektoren verbindet. Dieser Strom kann bei starker Belastung bedeutend größer werden, als der Ständerarbeitsstrom, und da er auch den Wicklungsteil E B durchfließt, so muß der Kupferquerschnitt entsprechend gewählt werden. In beiden Hälften der Läuferwicklung treten gleich große EMKK auf, da sie von denselben Induktionsflüssen durchsetzt werden.

Die Resultierende des Ohmschen Spannungsverlustes und der beiden EMKK in der Reihenerregerwicklung ist die Reihen-

erregerspannung P_{y2_r}, die sich mit der Spannung P_{x_1} an der Ständerarbeitswicklung zur Klemmenspannung P zusammensetzt. Es
muß noch beachtet werden, daß bei hoher Belastung der Ohmsche
Spannungsabfall $J_{y2_n}\dfrac{w_2}{2}$ in der Nebenschlußwicklung in demselben
Sinne phasenverschiebend wirkt wie P_{y2_n}, so daß es wohl zweckmäßig
wäre, $P_{y2_n} = 0$ zu machen, um eine allzu große Verschiebung von
Φ_y zu verhindern. Diese hat eine Verkleinerung des Winkels ϱ_1
und des Hauptdrehmomentes zur Folge und vergrößert auch die
Reihenerregerspannung P_{y2_r}, so daß bei konstanter Klemmenspannung die Vektoren P_{x1} und damit Φ_x und Φ_y beträchtlich
kleiner werden müssen.

Das Drehmoment der Nebenschluß-Erreger-AW mit dem
Induktionsfluß Φ_{x2} bleibt stets negativ, also nützlich, aber auch
stets klein, da der Strom J_{y2_n} sich gerade umgekehrt ändert, wie
der Winkel ϱ_{2_n} zwischen den beiden Vektoren Φ_{x2} und J_{y2}
und am kleinsten ist, wenn der Winkel $\varrho_{2_n} = 0$ ist.

Das Drehmoment der Reihenschluß-Erreger-AW mit Φ_{x2} ist
positiv, da der Winkel zwischen Φ_{x2} und J_{x1}, $\varrho_{2_r} > 90^0$ ist, es
ist aber ebenfalls nur sehr klein.

Im ganzen läßt sich die Wirkungsweise der Schaltung so
charakterisieren: Bei Leerlauf entspricht das Verhalten des
Motors dem kompensierten N. K. Motor, bei zunehmender Belastung übernimmt der Ständerarbeitsstrom die Erregung und sucht
bei größerer Belastung den Induktionsfluß Φ_y gegenüber dem Leer-
laufwert zu verstärken, wird aber daran durch den Strom J_{y2_n}
im Nebenschlußkreise gehindert, so daß die Drehzahl nur wenig
abfällt. Sobald aber der Nebenschlußkreis unterbrochen wird,
geht der Motor in den Reihen-Kurzschlußmotor über.

In einem Aufsatz von Niethammer, Sachs & Siegel
E. u. M. 1911, H. 33, 34, S. 675, 699 finden sich Versuchsergebnisse
einer Einphasen-Doppelschluß-Maschine, als Motor und Generator
betrieben, wodurch die dort wie hier gegebene Theorie bestätigt
wird. Die Abnahme der Geschwindigkeit bei Belastung ist in der
Tat stärker als beim N. K. Motor, weil Φ_y nicht kleiner wird.

f) Der Reihen-Kurzschluß-Motor nach Winter, Eichberg und Latour.

Die Schaltung ist in Abb. 21 in ihrer einfachsten Form dargestellt. Die eine Bedingung, durch die Φ_y von Φ_x abhängig war, fällt hier weg, nur muß die vektorielle Summe aus den Spannungen an der Ständerarbeitswicklung P_{x_1} und an der Läufererregerwicklung P_{y_2} stets gleich der Klemmenspannung P sein. Die Größe von Φ_y hängt nur vom Ständerarbeitsstrom, also von der Belastung ab. Dagegen ist durch den Kurzschluß der Läuferarbeitswicklung noch immer die zweite Bedingung für die gegenseitige Abhängigkeit der beiden Induktionsflüsse gegeben. Das Hauptdrehmoment

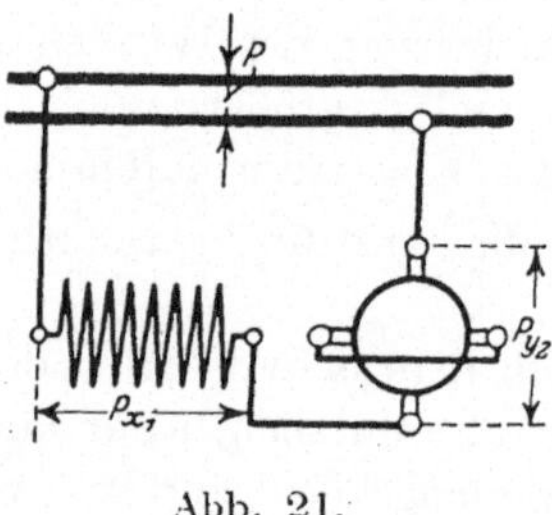

Abb. 21.

$$D_1 = c \cdot \Phi_{y_2} \cdot N_2 \, J_{x_2} \cdot \cos \rho_1$$
$$= - c \cdot \Phi_{y_2} \cdot N_2 \, J_{x_2} \cdot \cos (180 - \rho_1)$$

wird zu Null, wenn $\rho_1 = 90^0$ ist; dann bestimmt E'_{x2} mit E''_{x2} ein rechtwinkliges Dreieck, und es ist

$$E''_{x_2} = E'_{x_2} \cdot \sin \rho_2$$
$$v \cdot \Phi_{y_2} = \Phi_{x_2} \cdot \sin \rho_2 .$$

Wenn die Drehzahl unabhängig von der Belastung geregelt werden soll, so muß die Größe von Φ_y eingestellt werden durch einen regelbaren Reihentransformator. Dieser bildet einen wesentlichen Bestandteil des W. E. L. Motors schon aus dem Grunde, weil die Stromstärke der Ständerarbeitswicklung ein Vielfaches des erforderlichen Erregerstromes betragen kann und sich auch umgekehrt nur bei Verwendung eines Erregertransformators die Ständerspannung beliebig hoch wählen läßt (vgl. später Abb. 60).

Durch den Reihentransformator erhält der Erregerstrom etwa 180° Phasenverschiebung gegen den Ständerarbeitsstrom, und der Motor nimmt daher nach der genauen Festsetzung den positiven Drehsinn an. Diese Änderung soll aber im Diagramm nicht berücksichtigt werden, zumal sie durch Umschaltung der Bürstenanschlüsse, die am Motor selbst nichts ändern würde, beseitigt werden könnte und weil sie vor allem das Merkmal der Schaltung—Erregung durch den Ständerarbeitsstrom — verwischen würde; nur soll in den folgenden Diagrammen Φ_y jeweilig in der Größe gezeichnet werden, die der zugrunde gelegten Geschwindigkeit entspricht.

Das erste Diagramm Abb. 22 bezieht sich auf untersynchrone Geschwindigkeit, v = 0,75.

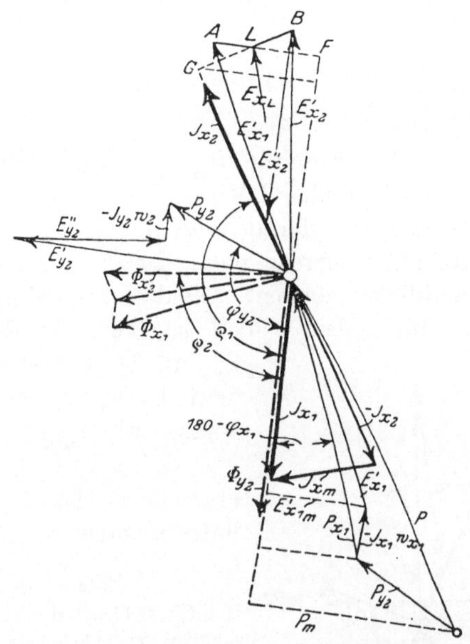

Abb. 22. R. K. Motor bei untersynchronen Lauf.

Die gegenseitige Lage der Vektoren ergibt sich aus folgender Überlegung. Da der Induktionsfluß Φ_{y2} mit dem Ständerstrom J_{x_1} in Phase ist, so wird durch die Rotations-EMK E''_{x2} eine J_{x2} voreilende Magnetisierungs-EMK $E''_{x_2m} = \overline{BG}$ geliefert, wenn der Winkel zwischen Φ_{x2} und Φ_{y2}, $\varrho_2 < 90^0$ ist. Die dadurch gegebene Phase von J_{x_1} bedingt aber, daß die EMK E'_{x_1} in der Ständerwicklung eine dem Strome nacheilende Magnetisierungskomponente E'_{x_1m} besitzt, so daß die Läuferarbeitswicklung die im ganzen erforderliche Magnetisierungs-EMK nicht allein zu erzeugen hat. Der Motor ist also in bezug auf die Arbeitswicklungen nur teilweise kompensiert, es besteht stets eine Phasenverschiebung φ_{x_1} zwischen J_{x_1} und P_{x_1}.

Die beiden EMKK in der Erregerwicklung sind

$$E'_{y2} = \sqrt{2} \cdot \nu \cdot N_2 \cdot \Phi_{y_2} \cdot 10^{-8}$$

$$E''_{y_2} = \nu \cdot \sqrt{2} \cdot \nu \cdot N_2 \, \Phi_{x_2} \cdot 10^{-8}$$

Setzt man nun $\Phi_x \sim \nu \cdot \Phi_y$, wie es die Läuferarbeitswicklung bedingt, so ist

$$E''_{y_2} \sim \nu^2 \cdot \sqrt{2} \cdot \nu \cdot N_2 \cdot \Phi_{y_2} \cdot 10^{-8}$$

$$E''_{y_2} \sim \nu^2 \cdot E'_{y_2}$$

Da der Winkel ρ_2 zwischen Φ_{x_2} und Φ_{y_2} stets nahezu 90^0 beträgt, so sind die beiden EMKK E'_{y_2} und E''_{y_2} fast genau entgegengesetzt gerichtet; daraus folgt nach der letzten Gleichung, daß ihre vektorielle Differenz nach Größe und Phase stark von der Geschwindigkeit abhängt. Die dadurch bedingte Änderung wird gemessen durch den Winkel φ_{y_2} zwischen der Spannung P_{y_2} an der Erregerwicklung und dem Erregerstrom J_{y_2}, der in Phase mit J_{x_1} ist.

$\sphericalangle \, \varphi_{y_2}$ ist unterhalb der synchronen Drehzahl positiv, oberhalb negativ.

$$\varphi_{y2} > \pm 90^0$$

Unterhalb der synchronen Geschwindigkeit ($\nu < 1$) verbraucht die Erregerwicklung eine nacheilende leistungslose Spannung

$$P_{y2m} = P_{y2} \cdot \sin \varphi_{y2}$$
$$= + P_{y2} \cdot \sin (180 - \varphi_{y2})$$

oberhalb eine voreilende leistungslose Spannung

$$P_{y_2 m} = P_{y_2} \cdot \sin (- \varphi_{y_2})$$
$$= - P_{y_2} \cdot \sin (180 - \varphi_{y_2})$$

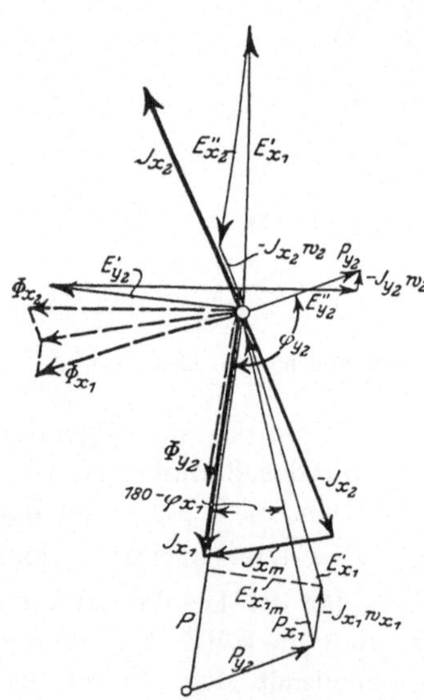

Abb. 23. R. K. Motor bei übersynchronen Lauf.

Da nun die Spannung an der Ständerwicklung stets eine nacheilende Komponente $P_{x_1 m} = P_{x_1} \cdot \sin (180 - \varphi_{x_1})$ besitzt, so kann bei übersynchroner Geschwindigkeit die Summe dieser beiden Komponenten, $P_{x_1m} + P_{y_2m} = 0$ werden, sodaß der Netzleistungsfaktor $\cos\varphi = 1$ wird und der Motor völlig kompensiert ist.

Diese Annahme liegt dem zweiten Diagramm (Abb. 23) zugrunde, das etwa $v = 1{,}25$ entspricht.

In Wirklichkeit wird der Leistungsfaktor schon bei der Synchrondrehzahl nahezu gleich der Einheit, denn die magnetischen Verluste bewirken, daß Φ_{y_2} gegenüber dem Erregerstrom etwas nacheilt, so daß, da die Lage von Φ_{y_2} gegen Φ_{x_2} im Diagramm ziemlich unveränderlich ist, J_{x_1} gegen Φ_{y_2} etwas voreilt und sowohl $(180 - \varphi_{x_1})$ kleiner als auch schon bei geringerer Geschwindigkeit $\varphi_{y_2} = 180^0$ wird.

Die Theorie des W. E. L. Motors ist von R. Wolf in einer Monographie mathematisch und physikalisch klar entwickelt und experimentell bestätigt worden (Dissertation, vgl. S. 12).

g) Der Atkinson-Reihen-Kurzschluß-Motor.

Bisher sind nur Motoren besprochen worden, bei denen der Induktionsfluß Φ_y, der mit den Läuferarbeits-AW das nützliche Drehmoment hervorruft, durch die Läuferwicklung erzeugt wird, wobei die Rotations-EMK E''_{y_2} in der Nähe des Synchronismus fast allein die Magnetisierungs-EMK E'_{y_2} zu decken vermag. Ein Nebenschluß-Motor, bei dem Φ_y durch eine Ständerwicklung erzeugt wird und die Klemmenspannung die erforderliche Magnetisierungs-EMK decken muß, ist praktisch nicht brauchbar, da Φ_y dann nahezu dieselbe Phase erhält wie Φ_{x_1}.

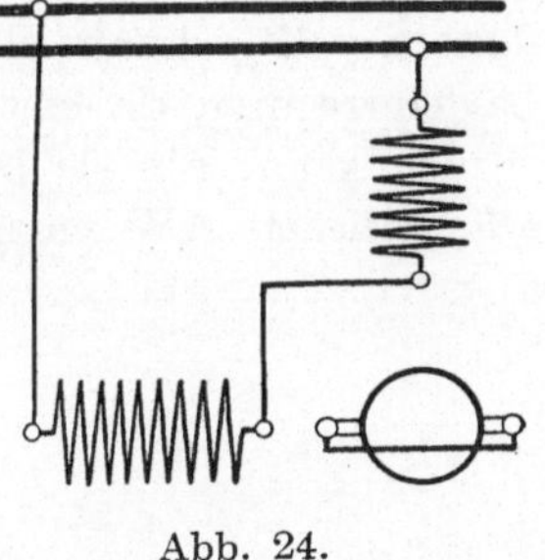

Abb. 24.

Wird dagegen Φ_y vom Ständerarbeitsstrom erzeugt, so ist das Drehmoment nicht von der Erregerspannung abhängig. Fynn hat hervorgehoben, daß bei allen Motoren mit Reihenschaltung das Drehmoment vom Leistungsfaktor unabhängig ist. Deshalb kann bei solchen Motoren sehr wohl eine Y-Ständerwicklung den Induktionsfluß erzeugen. Von dieser

Art waren die ersten Einphasenmotoren, so auch der Reihenkurz-
schlußmotor von Atkinson (Abb. 24), der sich hier als letzter
der bisherigen Reihe von Induktionsmotoren anschließt. Für diesen
Motor gilt hinsichtlich der Arbeitswicklungen genau dasselbe wie für
den W.E.L. Motor. Auch hier ist v . $\Phi_{y_2} \sim \Phi_{x_2}$
(Abb. 25). Φ_{y_2} ist nur um die phasengleiche Streuung kleiner
als Φ_{y_1} und bringt das negative Arbeitsdrehmoment hervor. Die
Läuferarbeitswicklung führt auch hier durch die voreilende Rotations-
EMK teilweise Kompensierung herbei, dagegen verursacht die
große Magnetisierungs-

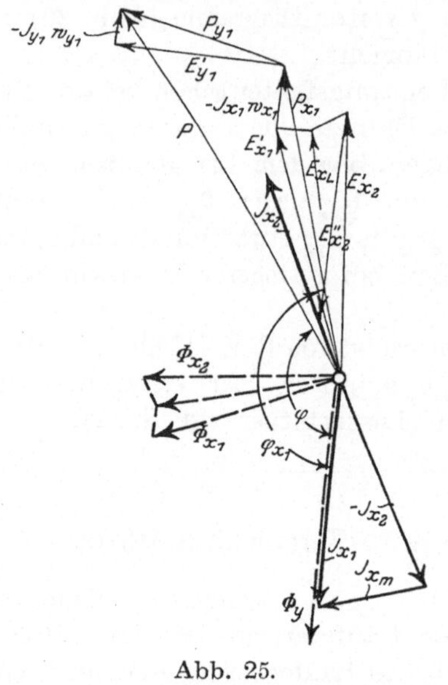

Abb. 25.

EMK E'_{y_1} stets eine erhebliche Verschlechterung des Netzleistungs-
faktors. E'_{y_1} kann allerdings beträchtlich kleiner sein als bei
Läufererregung, da hier eine so kleine Windungszahl verwendet
werden kann, als sie bei dem vollen Ständerstrom den für Φ_y
erforderlichen AW entspricht.

Viertes Kapitel.

Motoren mit Erregung durch den Läuferarbeitsstrom.

a) Der Induktions-Doppelschluß-Motor.

Von dem Atkinson-N. K. Motor ausgehend, gelangt man, wie vorher gezeigt worden ist, durch geringe Schaltungsänderungen allmählich zu den R. K. Motoren. Noch enger ist, wie jetzt gezeigt werden soll, die Verbindung des N. K. Motors mit der zweiten Gruppe von Wechselstrom-Induktionsmotoren mit Reihenschlußcharakteristik.

Bei dem Atkinson N. K. Motor liegen die Arbeitsbürsten a_1 a_2 äquipotential zu den Erregerbürsten b_1 b_2 (und letztere äquipotential zu den Arbeitsbürsten), Abb. 1. Man kann daher alle vier Bürsten miteinander ver-
binden, und es werden trotzdem nur unabhängige Ströme zwischen a_1 und a_2, sowie zwischen b_1 und b_2 fließen können.

Es seien nun zwischen b_1 und a_2, sowie zwischen b_2 und a_1 regelbare, stets einander gleiche Ohmsche Widerstände W eingeschaltet und vom Werte Null allmählich gesteigert. (Abb. 26.)

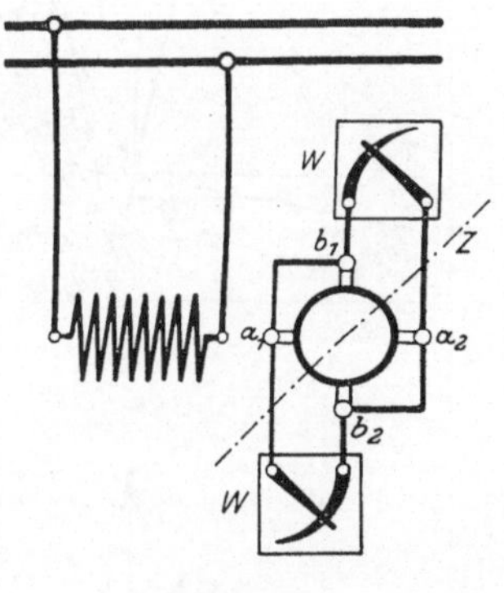

Abb. 26.

Dadurch entsteht an Stelle der Symmetrie in Bezug auf die beiden Koordinatenachsen eine neue Symmetrieachse Z. Es muß
jetzt ein Strom von a_2 nach b_2 und von b_1 nach a_1 fließen, da die Bürsten nicht mehr äquipotential lieger. Die Schaltung ist wieder so angenommen, daß dieser Strom J_{2_r}, der die Läuferwicklung in beiden Achsen im Reihenschluß durchfließt, in jedem Wicklungssystem positiv gerichtet ist. Während nach Abb. 27, die das wesentliche des Diagrammes für den Atkinson-N. K. Motor wiedergibt, an beiden Bürstenpaaren die Spannung gleich Null ist,

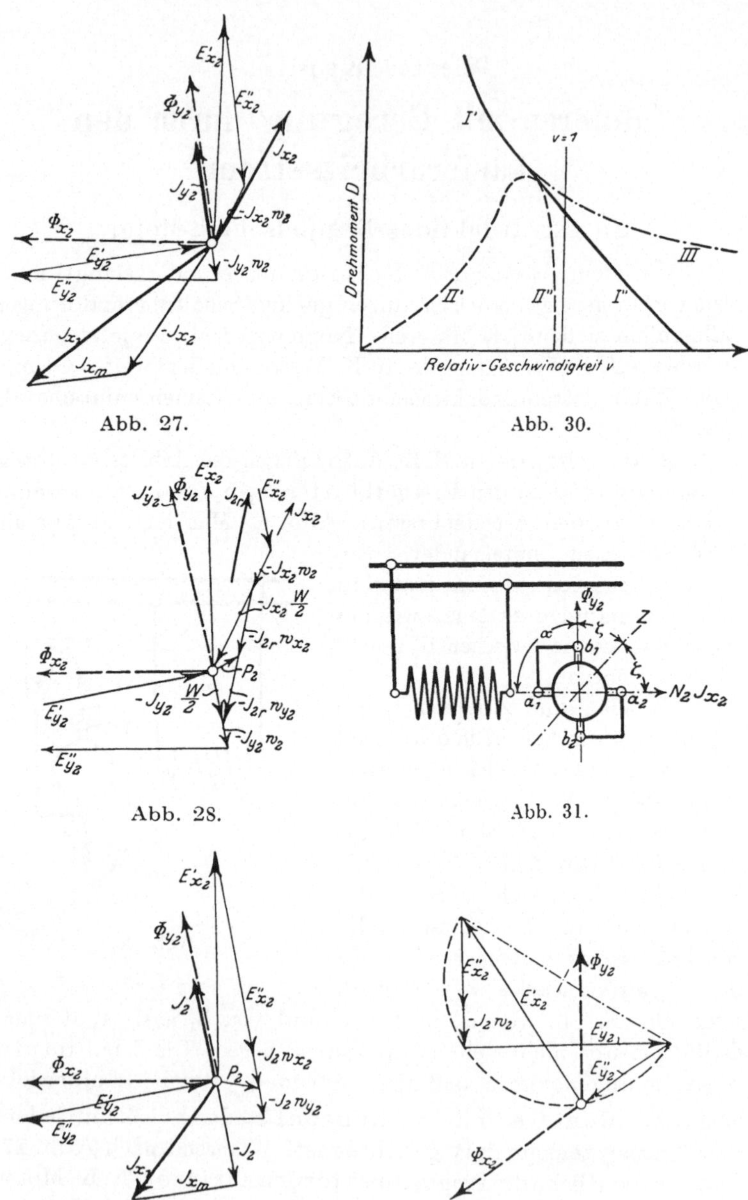

Abb. 27.

Abb. 30.

Abb. 28.

Abb. 31.

Abb. 29.

Abb. 32.

beträgt nach Abb. 28 die Spannung zwischen den Arbeitsbürsten $a_1\ a_2$ jetzt $J_{x_2} \cdot \dfrac{W}{2}$, die zwischen den Erregerbürsten $J_{y_2} \cdot \dfrac{W}{2}$. Der vektoriellen Summe dieser beiden Spannungen ist der Strom J_{2r} proportional, der die beiden Wicklungssysteme nacheinander durchfließt. Dieser Strom erzeugt zusammen mit dem geringer gewordenen Nebenschlußerregerstrom $J_{y_{2n}}$ den Induktionsfluß Φ_{y_2}, dessen Größe somit in gewisser Weise vom Arbeitsstrom abhängig ist. Steigt dieser, so wird die Spannung P_2 zwischen jedem Bürstenpaar größer und damit der Reihenerregerstrom, so daß Φ_{y_2} wächst. Die Geschwindigkeit wird geringer, das verlangte größere Drehmoment wird nicht ausschließlich durch eine unter Umständen allzu starke Vergrößerung des Arbeitsstromes erzielt, der Vorteil der Reihenschaltung tritt in Erscheinung. Dabei ist zunächst unter Vernachlässigung der Wirtschaftlichkeit vorausgesetzt, daß die Widerstände groß genug sind, um zu verhindern, daß der Nebenschlußerregerstrom zu stark anwächst und eine Gegenwirkung wie bei dem Doppelschluß-Kurzschluß-Motor hervorbringt. Bei geeigneter Bemessung der Widerstände kann aber dennoch bei geringerer Belastung die Geschwindigkeit nicht wesentlich die synchrone übersteigen, da bei dem geringeren Arbeitsstrom der Nebenschlußerregerstrom $J_{y_{2n}}$, den die zunehmende Rotations-EMK E''_{y_2} verstärkt, die andernfalls erforderliche Abnahme des Induktionsflusses Φ_y verhindern kann. Der Verlauf des Drehmomentes bei dieser Schaltung ist abhängig von der Geschwindigkeit in Abb. 30 durch Kurve I′ I″ dargestellt, während Kurve II′ II″ die Charakteristik des N. K. Motors ist. Werden aber die Widerstände W immer größer gemacht und schließlich die Verbindung zwischen a_1 und b_2, sowie a_2 und b_1 ganz unterbrochen (Abb. 31), so nimmt der Motor vollständig den Charakter des Reihenschlußmotors an, und sein Drehmoment verläuft oberhalb der synchronen Drehzahl (v = 1) nach Kurve III (Abb. 30), während das Diagramm in allmählichem Übergange von Abb. 28 die Gestalt von Abb. 29 annimmt.

b) Der Induktions-Reihenschluß-Motor
mit Läufererregung.

Die Gruppe von Wechselstrom-Reihenschlußmotoren, die mit
dem letzten Übergange in den Kreis der Betrachtung gerückt ist,
hat das Kennzeichen, daß der Läuferarbeitsstrom J_2 zugleich den
Induktionsfluß Φ_y erzeugt, der mit den Arbeits-AW $N_{x_2} J_2$
das Hauptdrehmoment D_1 erzeugt. Dieses ist also positiv,
da J_2 und Φ_{y_2} stets gleiche Phase haben. Aus letzterem Grunde
ist der Läuferstrom und der Ohmsche Spannungsverlust auch stets
in Phase mit der EMK E''_{x_2}, die durch Rotation in der Läuferarbeitswicklung entsteht. Daher bilden bei dem Motor nach Abb. 31
die vier EMKK zusammen mit dem Ohmschen Spannungsabfall
ein Viereck, in dem je zwei Seiten aufeinander senkrecht stehen.

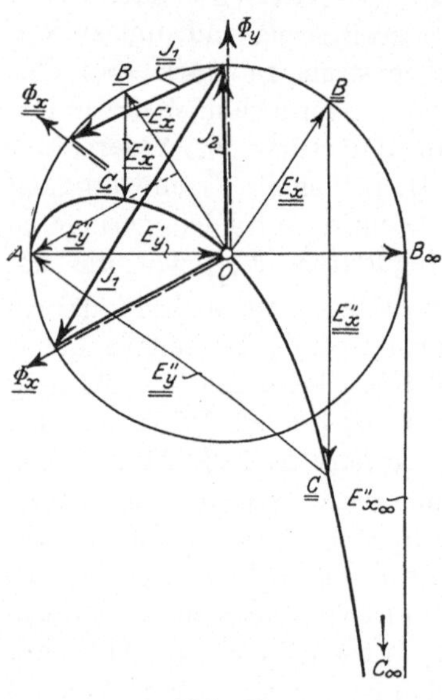

Abb. 33.

Bei anderer Anordnung der
Vektoren ergeben sich zwei
rechtwinklige Dreiecke, deren
Hypotenusen zusammenfallen
(Abb. 32). Die Lage und Größe
des Halbkreises ist aber nicht
konstant, sondern von der
Größe der Vektoren abhängig.
Einige einfache Beziehungen
kann man ableiten, wenn man
den Ohmschen Spannungsabfall
vernachlässigt; dann ist

$$E'^{2}_{x_2} + E''^{2}_{y_2} = E'^{2}_{y_2} + E''^{2}_{x_2}$$

also

$$\Phi^2_{x_2} + v \cdot \Phi^2_{x_2} = \Phi^2_{y_2} + v \cdot \Phi^2_{y_2}$$

d. h.

$$\Phi_{x_2} = \Phi_{y_2}$$

bei jeder Geschwindigkeit, also

auch

$$E''_{x_2} = E''_y = v \cdot E'_{x_2} = v \cdot E'_{y_2}$$

und

$$E'_{x_2} = E'_{y_2} .$$

Wird der Läuferstrom J_2 und der Vektor Φ_{y_2} konstant und in senkrechter Lage angenommen (Abb. 33), so ist auch der Endpunkt A von E'_{y_2} fest, und für eine beliebige Lage von Φ_x gegen Φ_y hat man nur von dem Endpunkt B von E'_{x_2} das Lot auf E'_{y_2} und von A das Lot auf E'_{x_2} zu fällen, um in dem Schnittpunkt C der beiden Lote den vierten Eckpunkt des Vierecks der EMKK zu erhalten. Der Punkt C bewegt sich auf der eingezeichneten Kurve.

Wenn $\Phi_{x_2} = \Phi_{y_2}$ ist, so müssen die magnetisierenden AW in beiden Achsen ungefähr gleich sein, daher ist das Stromdreieck gleichschenklig über J_{x_1} als Basis, und der Verlauf der Ströme kann unter Vernachlässigung der Streuung an demselben Diagramm verfolgt werden.

Bei Stillstand, $v = 0$, fällt B mit A zusammen die Vektoren Φ_x und Φ_y sind entgegengesetzt gerichtet; bei Synchrongeschwindigkeit, $v = 1$, ist

$$\overline{OB} = E'_{x_2} = E''_{x_1},$$

Φ_x steht senkrecht auf Φ_y. — Steigt die Geschwindigkeit noch weiter, so wird der Winkel ρ_2 zwischen Φ_y und Φ_x noch kleiner, aber um so langsamer, je höher die Geschwindigkeit wird, da die Kurve des Punktes C sich asymptotisch der Kreistangente parallel Φ_y nähert, mit der bei unendlich großer Geschwindigkeit E''_{x_2} zusammenfallen würde.

Bei der bis jetzt betrachteten Schaltung gibt es nur eine Möglichkeit, die Geschwindigkeit zu regeln, nämlich die Veränderung der Klemmenspannung an der Ständerarbeitswicklung. Im Gegensatz zum N. K. Motor, wo die Verringerung der Induktionsflüsse nur eine Steigerung des Arbeitsstromes bei wenig erniedrigter Drehzahl zur Folge hätte, bewirkt sie hier zugleich eine Verminderung des Arbeits- und Erregerstromes J_2 und also auch eine Erniedrigung des Drehmomentes bei einer bestimmten Geschwindigkeit, so daß die Drehzahl kleiner werden muß.

Gegenüber diesem Regelungsverfahren, das hinsichtlich der magnetischen Ausnutzung des Materials stets unvollkommen ist, bietet sich bei diesem Motor ein zweites, das seinen natürlichen Eigenschaften angemessen und theoretisch sehr vollkommen ist:

Die Bürstenverschiebung.

Die Betrachtung der Stromverteilung zeigt, daß in der bisherigen Anordnung Abb. 31 überhaupt nur eine Hälfte der Wicklung vom Strom durchflossen wird, und daß die Achse Z der positiven Läufer-AW um den Winkel $\zeta = 45^0$ im positiven Sinne gegen die positiven X-Achse verschoben ist. In der X-Achse wirken also die AW $N_{x_2} J_2$ mit den AW der Ständerwicklung transformatorisch zusammen, während in der Y-Achse die MMK $0,4\,\pi\,N_{y_2}\,J_2$ nur magnetisierend wirkt.

c) Der Induktions-Reihenschluß-Motor
mit beweglichen Doppelbürsten (Déri-Motor).

Nach dem von Déri angegebenen System werden die Arbeits-bürsten a_1 und a_2 in ihrer Lage belassen, die Erregerbürsten von $\alpha = 0$ (Abb. 31) im negativen Sinne verschoben (für positiven Drehsinn), so daß ζ von 90^0 bis 0^0 abnimmt, wenn α von 0^0 bis 180^0 zunimmt. $2\,\zeta = 180 - \alpha$.

Die in der X-Achse wirksame Windunsgzahl N_{x_2} der Läufer-wicklung nimmt von $N_{x_2} = 0$ bei $\alpha = 0^0$ zu bis $N_{x_2} = N_2$ bei $\alpha = 180^0$. Die in der Y-Achse wirksame Windungszahl N_{y_2} der Erregerwicklung dagegen nimmt von $N_{y_2} = 0$ bei $\alpha = 0^0$ bis $N_{y_{2max}}$ bei $\alpha = 90^0$ zu und von da an wieder ab bis $N_{y_2} = 0$ bei $\alpha = 180^0$.   Denn da alle eingeschalteten Windungen von dem gleichen Strome durchflossen werden, wirken die zur Y-Achse symmetrisch liegenden Windungen einander in Bezug auf diese Achse entgegen.   Da der Läuferstrom J_2 durch die vektorielle Summe aller vier EMKK in beiden Wicklungssystemen bestimmt ist, so können diese nicht getrennt voneinander betrachtet werden, vielmehr ist das Verhältnis der wirksamen Windungszahlen

$$\frac{N_{y_2}}{N_{x_2}} = \tan \zeta$$

maßgebend für den ganzen Betrieb. Letztere Gleichung ist eine Definitionsgleichung. Die Größe der wirksamen Windungszahlen folgt aus der Zerlegung der Läufer-AW in ihre beiden räumlichen Komponenten, (Abb. 34) nach der X- und Y-Achse. Die wirksame Windungszahl in der Z-Achse ist $N_2 \,.\, \cos \zeta$, daher

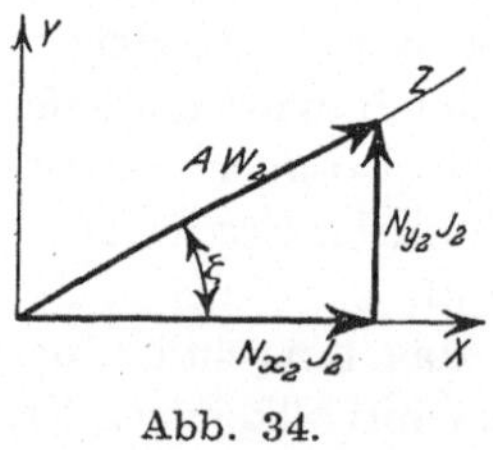

Abb. 34.

$$N_{x_2} = N_2 \,.\, \cos^2 \zeta$$
$$N_{y_2} = N_2 \,.\, \sin \zeta \,.\, \cos \zeta$$

Damit ergeben sich die EMKK genau so wie früher. Wenn man den Ohmschen Spannungsabfall im Läufer vernachlässigt, so erhält man wieder aus den beiden rechtwinkligen Dreiecken (Abb. 32)

$$E_{x_2}'^2 + E_{y_2}''^2 = E_{y_2}'^2 + E_{x_2}''^2$$

$$N_{x_2}^2 \cdot \Phi_{x_2}^2 + v^2 N_{y_2}^2 \Phi_{x_2}^2 = N_{y_2}^2 \Phi_{y_2}^2 + v^2 \cdot N_{x_2}^2 \cdot \Phi_{y_2}^2$$

$$\Phi_{x_2}^2 \cdot (1 + v^2 \tan^2 \zeta) = \Phi_{y_2}^2 (\tan^2 \zeta + v^2)$$

$$\Phi_x = \Phi_y \sqrt{\frac{v^2 + \tan^2 \zeta}{1 + v^2 \tan^2 \zeta}}$$

Daraus kann man für einzelne Fälle das Verhalten des Motors ungefähr bestimmen.

1. $\alpha = 90^0$, $\zeta = 45^0$, $\tan \zeta = 1$ (Abb. 33),

    $\Phi_x = \Phi_y$ bei jeder Geschwindigkeit,

2. $\alpha \sim 180^0$, $\zeta \sim 0^0$, $\tan \zeta \sim 0$

$$\Phi_x \sim v \cdot \Phi_y$$

Zwischen diesen beiden Fällen, die praktisch nicht verwendbar sind, liegt der wirkliche Betrieb.

Bei der synchronen Drehzahl ($v = 1$) ist

$$\Phi_x = \Phi_y \text{ bei jedem Winkel } \zeta,$$

während bei Stillstand ($v = 0$) $\Phi_x = \Phi_y \cdot \tan \zeta$ ist; denn bei ruhender Wicklung müssen sich, von dem Ohmschen Spannungsverlust abgesehen, die beiden Transformator-EMKK E'_{x_2} und E'_{y_2} gegenseitig aufheben.

1. Anlauf.

Das Diagramm hat dabei die in Abb. 35 wiedergegebene Gestalt. Da für ein genügendes Anlaufdrehmoment mindestens Bürstenwinkel $\alpha = 90^0$ gemacht werden muß, so ist etwa $\Phi_{y_2} = \Phi_{x_2}$ und der Ständerstrom nach Abb. 33 etwa doppelt so groß als der reduzierte Läuferstrom. Der Leistungsfaktor ist sehr gering, aber

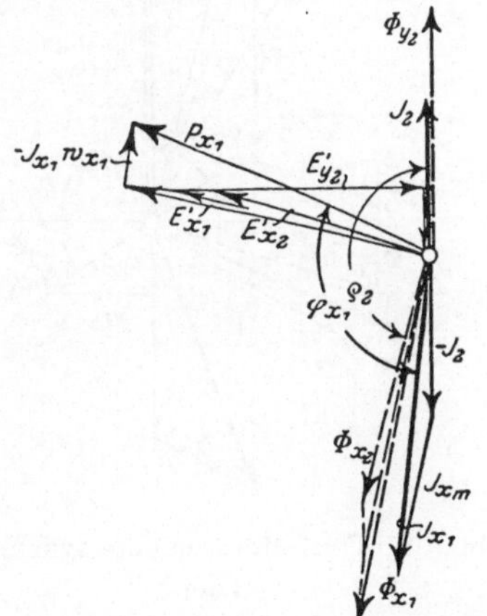

Abb. 35. Anlauf des Déri-Motors.

es wird ein hohes Anlaufdrehmoment. erzeugt. Da der Winkel zwischen J_2 und Φ_{x_2}, $\rho_2 \sim 180^0$ ist, so kommt zu dem positiven Hauptdrehmoment $D_1 = c \cdot \Phi_{y_2} \cdot N_{x_2} \cdot J_2$ noch das fast ebenso große Drehmoment $D_2 = c \cdot \Phi_{x_2} \cdot N_{y_2} \cdot J_2 \cdot \cos \rho_2$ ebenfalls im positiven Sinne. Selbst wenn also nur die halbe Läuferwicklung vom Strom durchflossen wird, kann doch ein noch größeres Gesamtdrehmoment erzielt werden, als wenn nur der Induktionsfluß Φ_y mit J_{x_2} ein Drehmoment erzeugt wie z. B. beim R. K. Motor, weil hier fast keine Phasenverschiebung zwischen den Induktionsflüssen und den wirksamen AW besteht.

2. Das genaue Diagramm Abb. 36.

Dieses soll die Übereinstimmung der Vorgänge mit denen in den anderen Motoren dartun. Sobald der Läufer sich bewegt, wird die Phasenverschiebung zwischen Φ_{x_2} und Φ_{y_2} kleiner, denn die Transformator-EMK E'_{x_2} wird durch beide Rotations-EMKK im Uhrzeigersinne verschoben, und bei

$$v = 0{,}8; \quad \tan \zeta = 0{,}6,$$
$$\zeta = 31^0, \text{ wo}$$
$$\Phi_{x_2} \sim 0{,}9 \, \Phi_{y_2} \text{ ist,}$$

erhält das Diagramm etwa das Aussehen von Abb. 36, in der sich wie bei den andern Motoren das EMK-Vieleck der Läuferarbeitswicklung von dem der Erregerwicklung trennen läßt.

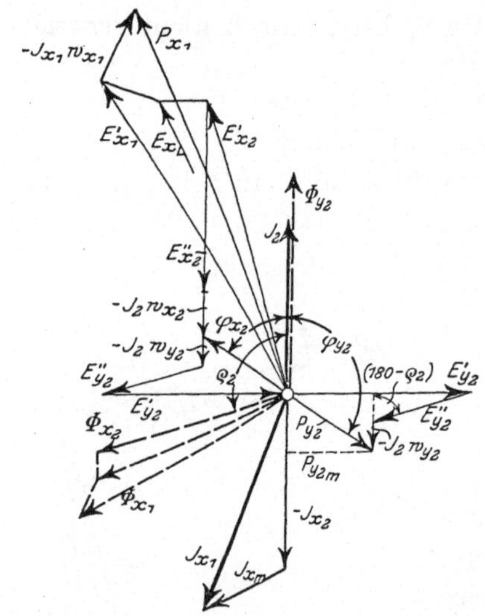

Ungefähr bei Synchrongeschwindigkeit wird der Winkel $\rho_2 = 90^0$, [praktisch nur bei mittleren Bürstenstellungen ($\alpha = 90^0$ bis 120^0)],

Abb. 36. Déri-Motor in untersynchronem Lauf.

so daß das Drehmoment $D_2 = 0$ wird. Bei noch höheren Drehzahlen wird $\rho_2 < 90^0$, so daß D_2 negativ wird; da aber α stets sehr groß, ζ und die wirksame Windungszahl der Y-Wicklung sehr klein ist,

so ist der Einfluß dann nur noch gering. Weil $\tan \zeta$ praktisch stets
ein kleiner echter Bruch ist, so folgt aus der Gleichung S. 47, daß
etwa von der synchronen Geschwindigkeit ab Φ_x größer als Φ_y wird,
wie beim W. E. L. Motor. Die Geschwindigkeit ist aber durch die
Stromwendung ebenso wie beim R. K. Motor an die Nähe
der synchronen gebunden. Bei synchroner Geschwindigkeit
wird in der Y-Wicklung eine Leistungs-EMK der Rotation
$E''_{y_{2l}} = E''_{y_2} \cdot \cos \rho_2$, entsprechend der mechanischen Nutzleistung

$$D_2 \cdot \frac{d\omega}{dt} = J_2 \cdot E''_{y_2} \cdot \cos \rho_2$$

verbraucht und gleichzeitig eine Magnetisierungs - EMK
$E''_{y_2m} = E''_{y_2} \cdot \sin \rho_2$ erzeugt. Letztere reicht aber nicht aus,
die Tranformator-EMK E'_{y_2} aufzuheben, so daß die Spannung
P_{y_2} eine leistungslose nacheilende Komponente

$$P_{y_2m} = P_{y_2} \cdot \sin (180 - \varphi_{y_2}) \text{ hat.}$$

In der Läuferarbeitswicklung kann aber eine voreilende EMK
der Rotation nicht erzeugt werden, weil der Strom J_2 selbst mit
dem Induktionsfluß Φ_{y_2} in Phase ist. Daher muß vom Netz nicht
nur die Leistungsspannung $P_{y_{2l}}$, sondern auch die Magnetisierungsspannung P_{y_2m} geliefert werden, so daß der Leistungsfaktor der
Arbeitswicklung $\cos \varphi_{x_2}$ und damit auch der Netzleistungsfaktor
bei untersynchroner Geschwindigkeit durch die Y-Wicklung
verschlechtert wird, entsprechend wie beim W. E. L. Motor. Da aber
hier keine voreilende Phasenverschiebung des Läuferarbeitsstromes
vorhanden ist, die wie bei jenem Motor den Nachteil ausgleichen
könnte, so ist auch bei übersynchroner Geschwindigkeit keine
völlige Kompensierung des Induktions-Reihenschlußmotors (Ind. R.
Motor) möglich, trotzdem dann (Abb. 29) die Erregerwicklung der
Läuferarbeitswicklung eine beträchtliche voreilende Magnetisierungsspannung liefert. Denn diese könnte erst bei einer Geschwindigkeit hinreichend groß werden, die aus anderen Gründen,
vor allem wegen der Stromwendung, nicht erreichbar ist.

Äußere Mittel, um Kompensierung herbeizuführen, können
nicht angewendet werden, ohne den Motor seines Charakters zu
berauben; dazu wäre ja, wie sich bei dem N. K. Motor ergab,
eine Einwirkung auf die Größe und gegenseitige Lage der Induktionsflüsse nötig; für die Reihenschlußcharakteristik ist es aber

wesentlich, daß jene sich ganz nach dem jeweiligen Betriebszustande einstellen können, besonders bei dem Ind. R. Motor.

d) Der Einfachbürsten-Ind.-R.-Motor. (Abb. 37.)

Der bisher besprochene Doppelbürsten-Ind. R. Motor ist nicht die älteste Form dieser Motorenart; aber der Elihu Thomson

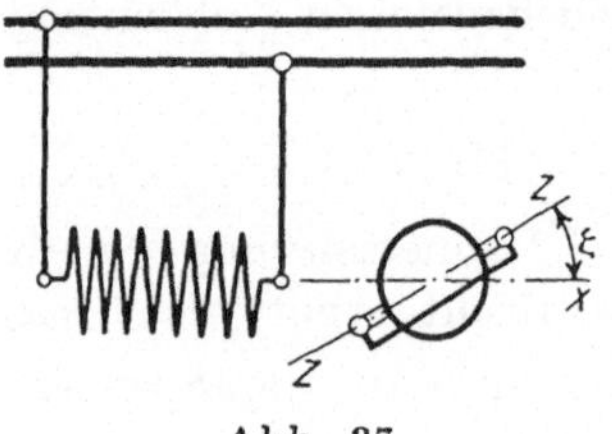

Abb. 37.

wegen seines „Repulsionsmotors" zugeschriebene Motor mit nur einem schräg zur Ständerachse -stehenden Kurzschlußbürstenpaar stellt hinsichtlich der theoretischen Behandlung nur einen besonderen Fall des Doppelbürstenmotors dar. Bei ihm ist nicht ein Teil $N_2 . \cos \zeta$, sondern die ganze Läuferwicklung nach den beiden Koordinatenachsen zu zerlegen. Auch in Bezug auf die X-Achse sind jetzt die Läuferwindungen einander zum Teil entgegengeschaltet. In der Beseitigung dieses Nachteils besteht der wesentlichste Fortschritt des Déri-Motors.

e) Der Atkinson-Ind.-R.-Motor.

Atkinson hat 1898 entsprechend seinem R. K. Motor auch den Induktionsreihenschlußmotor mit Ständererregung angegeben,

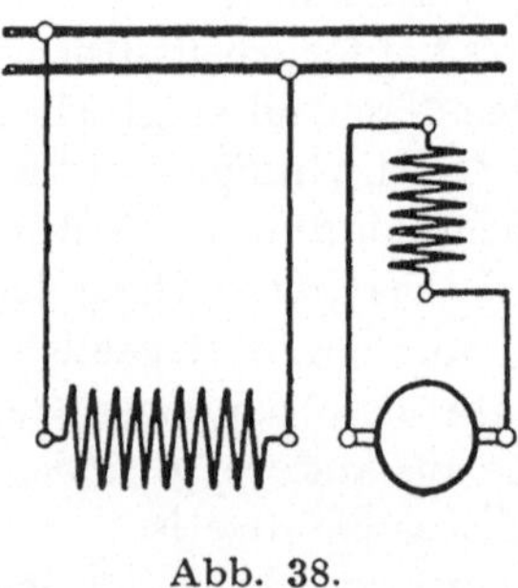

Abb. 38.

der mehrfach in der Patentliteratur erscheint und theoretisch als einfacher Sonderfall ein gewisses Interesse bietet (Abb. 38). Die Windungszahl N_{y_1} der Erregerwicklung zu verändern, ist auch hier möglich, dagegen wird die Läuferwicklung stets vollständig als Arbeitswicklung benutzt. Um rechnerische Vergleiche mit dem Doppelbürstenmotor zu ermöglichen, soll wieder

$$\frac{N_{y_1}}{N_2} = \tan \zeta$$

gesetzt werden, so daß ζ die Achse der resultierenden AW der Läufer- und Erregerwicklung bestimmt. Dieses an sich mangelhafte Verfahren, das Vernachlässigung des Unterschiedes der Wicklungsfaktoren voraussetzt, und z. B. beim Atkinson-R. K. Motor angewendet, leicht dazu verleitet, ihn für identisch mit dem Ind. R. Motor zu erklären, soll hier nur ausnahmsweise benützt werden, um ganz grobe Annäherungswerte für die Aufzeichnung des Diagrammes zu erhalten.

Wenn man den Ohmschen Spannungsverlust vernachlässigt, so ist das Diagramm des Atkinson-Ind. R. Motors (Abb. 39) vollkommen bestimmt durch das rechtwinklige Dreieck der EMKK.

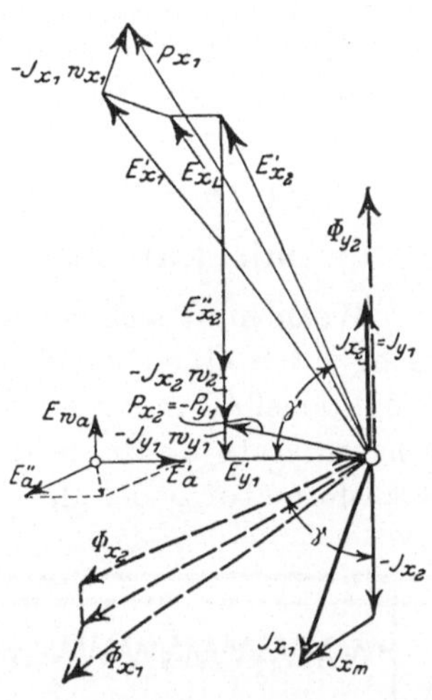

Abb. 39.

$$E_{x_2}'^2 = E_{x_1}''^2 + E_{y_1}'^2$$

$$N_2^2\, \Phi_x^2 = v^2\, N_2^2\, \Phi_y^2 + N_{y_1}^2\, \Phi_y^2$$

$$\Phi_x = \Phi_y\, \sqrt{v^2 + \tan^2 \zeta}$$

Tatsächlich muß Φ_x größer sein, als sich aus der Gleichung ergibt, weil $J_2 \cdot w$ auf der rechten Seite fehlt.

Bei übersynchroner Geschwindigkeit ist stets $\Phi_x > \Phi_y$, und da $\tan \zeta$ in Wirklichkeit klein sein muß, so ist $\Phi_x \sim v \cdot \Phi_y$, also bei höheren Geschwindigkeiten unerwünscht groß.

Zur Verbesserung des Leistungsfaktors ist es aber notwendig, daß die Geschwindigkeit möglichst groß wird, denn es ist

$$\tan \gamma = \frac{E_{x_2}''}{E_{y_1}'} = v \cdot \cot \zeta$$

Der Winkel γ, mithin auch der Winkel $(180 - \gamma)$ zwischen den beiden Induktionsflüssen Φ_{x_2} und Φ_{y_2} kann aber niemals gleich 90^0 werden, und da die Läuferarbeitswicklung so wenig als bei den anderen Ind. R. Motoren eine voreilende leistungslose EMK erzeugen kann, so wird bei diesem Motor die Magnetisierungsspannung für die Erregerwicklung stets vom Netze geliefert, und sein Leistungsfaktor ist daher verhältnismäßig gering, weil er wegen der Stromwendung (s. oben) die synchrone Geschwindigkeit nicht wesentlich überschreiten darf, obwohl an sich die einzelnen

4*

EMKK in den kurzgeschlossenen Windungen die denkbar günstigste gegenseitige Lage haben (Abb. 39).

Das Drehmoment ist stets allein dem Läuferstrom direkt proportional wie bei dem gewöhnlichen Konduktions-Reihenschluß-Motor (Kond. R. Motor), dessen nahe Verwandtschaft mit dem Atkinson-Ind. R. Motor auch aus seinem Diagramm sehr deutlich zu erkennen ist.

f) Der Konduktions-Reihenschluß-Motor mit kurzgeschlossener Gegenwicklung.

Wenn man sich vorstellt, daß die Transformator-EMK E'_{x_2} nicht durch einen von der Ständerarbeitswicklung unterhaltenen Induktionsfluß in der Läuferarbeitswicklung selbst induziert wird, sondern statt dessen in der Sekundärwicklung eines besonderen Transformators, der die Läuferwicklung speist, (vgl. Abb. 40), so besteht vollkommene Übereinstimmung des Konduktions-Reihenschluß-Motors mit dem Ind. R. Motor, abgesehen von der Wirkung der Ständerwicklung in der Arbeitsachse. Beim Kond. R. Motor kann diese im einfachsten Falle kurzgeschlossene Wicklung (Abb. 40), die den Motor überhaupt erst praktisch brauchbar macht, nicht als Kompensationswicklung bezeichnet werden, sobald der Begriff der Kompensierung einmal in dem bisher hier

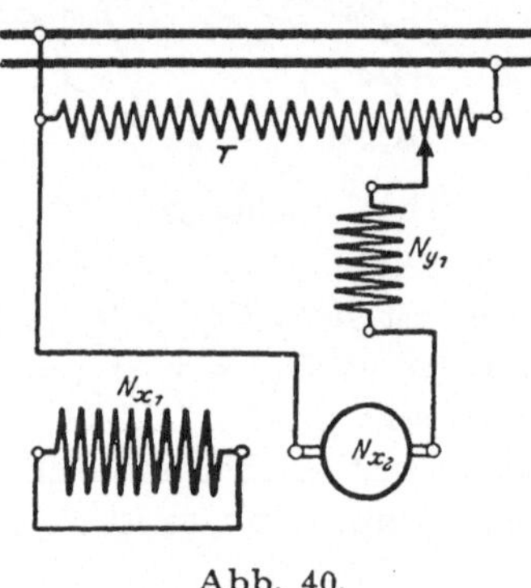

Abb. 40.

gebrauchten Sinne festgelegt ist (S. 30). Sie soll, gemäß ihrem Zweck, das Entstehen eines Induktionsflusses in der Arbeitsachse zu verhindern, einfach als Gegenwicklung bezeichnet werden. In diesem Zusammenhange sei nochmals darauf hingewiesen, daß eine Läuferwicklung, auch wenn sie kurzgeschlossen ist, niemals Gegen- oder Kompensationswicklung sein kann, sondern stets als Arbeitswicklung aufzufassen ist. Um die innere Verwandtschaft mit den Ind. R. Motoren durch die äußere Übereinstimmung in der Lage der Vektoren besser hervortreten zu

lassen, soll angenommen werden, daß der Motor über einen Haupttransformator an das Netz angeschlossen ist, der der Einfachheit
halber streuungsfrei und widerstandslos gedacht werden möge
(Abb. 40). Das Diagramm (Abb. 41) stimmt danach in der Haupt-
sache völlig mit dem des Atkinson-Ind. R. Motors überein.

Das positive Drehmoment
$D = c \cdot \Phi_{y_2} \cdot N_2 J_{x_2}$ ist nur vom
Arbeitsstrom abhängig; die Rück-
sicht auf den Leistungsfaktor
erfordert, daß die EMK der Rotation E''_{x_2} möglichst groß und
E'_{y_1} möglichst klein wird.

Der Forderung, daß die Geschwindigkeit groß sein soll, steht
hier nicht wie beim Ind. R. Motor
hindernd entgegen, daß sich das
Größenverhältnis der Induktionsflüsse in den beiden Achsen in
einer besonders für die Stromwendung ungünstigen Weise verschiebt, aber die angenommene
Schaltung hat einen anderen
Nachteil.

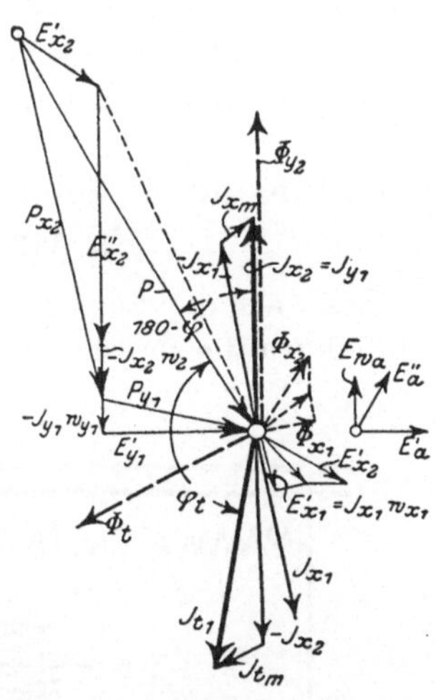

Abb. 41.

Damit in der kurzgeschlossenen Gegenwicklung der erforderliche Strom fließt, muß sie von einem gewissen Induktionsfluß Φ_{x_1}
durchsetzt werden, der die EMK E'_{x_1} zur Überwindung des Ohmschen Widerstandes induziert. Infolgedessen tritt in der Läuferwicklung ein primärer Induktionsfluß Φ_{x_2} auf, der durch die
Streuung noch wesentlich vergrößert wird. Er eilt aber dem
Läuferstrom und damit dem Induktionsfluß Φ_y um etwa 90°
nach, während sonst bei positivem Drehsinn Φ_x gegen Φ_y um
etwa 90° voreilt. In letzterem Falle sind die EMKK E'_a und E''_a
in den unter den Arbeitsbürsten kurzgeschlossenen Spulen entgegengesetzt gerichtet, da sie der Y-Wicklung angehören, und
heben einander daher auf, wenn

$$\Phi_y = v \cdot \Phi_x \text{ ist.}$$

Hier aber sind E'_a und E''_a gleichgerichtet (Abb. 41), (d. h. sie
schließen einen spitzen Winkel ein), so daß die resultierende EMK
niemals zu Null werden kann.

Die von Φ_{x_2} in der Läuferwicklung erforderte EMK E_{x_2} vergrößert außerdem die Motorspannung.

Man erkannte frühzeitig, daß eine bessere Wirkung zu erzielen ist, wenn man die Gegenwicklung mit den beiden anderen Wicklungen in Reihe schaltet. Dann ist es möglich, den resultierenden Induktionsfluß in der X-Achse völlig aufzuheben. Im Diagramm (Abb. 41) fällt dann der Vektor der Motorspannung mit der gestrichelten Linie zusammen.

g) Der Kond.-R.-Motor mit nützlichem Induktionsfluß in der Arbeitsachse.

Erst als die Einphasen-Induktions-Motoren mit Reihenschlußcharakter im letzten Jahrzehnt hohe praktische Bedeutung

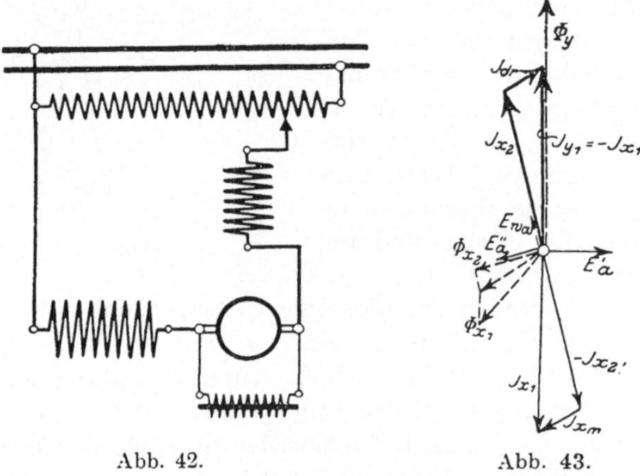

Abb. 42.Abb. 43.

erlangten und dadurch eine eingehendere Untersuchung der physikalischen Vorgänge veranlaßt wurde, kam man zu dem heute selbstverständlichen Schluß, daß es sehr vorteilhaft für den Betrieb des Reihenschlußmotors ist, wenn in der Arbeitsachse (X-Achse), zeitlich um 90^0 gegen Φ_y verschoben, ein Induktionsfluß Φ_x von der entgegengesetzten Richtung vorhanden ist, wie ihn der Läuferarbeitsstrom zu erzeugen sucht; d. h. Φ_x muß gegen Φ_y voreilen.

Dies ist z. B. einfach und wirksam dadurch zu erreichen, daß eine Drosselspule (Abb. 42) zur Läuferwicklung parallel geschaltet wird. Der Strom J_{x_1} (Abb. 43) ist nahezu mit der Spannung an den Arbeitsbürsten P_{x_2} in Gegenphase, der Strom J_{dr} in der Drossel-spule eilt um über 90^0 gegen P_{x_2} vor, gegen J_{x_2} entsprechend nach, und so auch der Strom in der Erregerwicklung. Die AW der Gegen-wicklung aber, die den AW der Läuferwicklung entgegengerichtet sind, eilen letzteren um nicht ganz 180^0 vor, so daß die resultierenden AW einen Induktionsfluß von entgegengesetzter Phase wie J_{dr} erzeugen; und infolge der Phasenverschiebung von Φ_{y_2} gegen J_{x_2} liegen nun die einzelnen Stromwendungs-EMKK gegenein-ander fast ebenso günstig wie beim Atkinson-Ind. R. Motor (Abb. 39).

Die EMKK E'_{x_1} und E'_{x_2}, die transformatorisch in den beiden X-Wicklungen induziert werden, heben einander nahezu auf, da die Wicklungen einander entgegengeschaltet sind.

Diese Schaltung D.R.P. 186 445 (13. XII. 1904) S.-S. W., ist auch ETZ. 1906 S. 542 beschrieben.

Ein Induktionsfluß von ungefähr richtiger Phase kann aber auch durch eine parallel zum Netz gelegte Ständerhilfswicklung (Wendewicklung) erzeugt werden, wie ein Vergleich mit dem Trans-formator-Induktionsfluß (Abb. 41) zeigt.

h) Der Kond.-R.-Motor mit Läufererregung.

Aus der Art, wie die innere Verwandtschaft des Konduktions- und Induktions-Reihenschlußmotors dargelegt worden ist, ergibt sich des weiteren, daß auch der Ind. R. Motor mit Läuferer-regung in einen Kond. R. Motor übergeführt werden kann, wenn man Ständer und Läufer in Reihe an das Netz anschließt. Dabei ist in erster Linie an den Einfachbürsten-Motor zu denken, wiewohl die Schaltung auch für den Doppelbürsten-Motor vor-geschlagen worden ist. Das Diagramm ergibt sich wie beim Motor mit Ständererregung aus dem des Ind. R. Motors; dabei ist nur zu beachten, daß wieder an Stelle der Transformator-EMK E'_{x_1} die Läuferspannung P_2 tritt und mit dem Induktionsfluß Φ_x in der Arbeitsachse auch die Rotations-EMK E''_{y_2} der Erreger-wicklung wegfällt. Deshalb kann das Diagramm und ebenso das Verhalten des Motors keinen wesentlichen Unterschied gegenüber dem Motor mit Ständererregung aufweisen.

In der Ausführungsform mit ausschließlicher Speisung des Läufers und kurzgeschlossener Ständer-Gegenwicklung (entsprechend Abb. 40) wurde der Motor früher als „umgekehrter Repulsionsmotor" bezeichnet. Die damit angedeutete Beziehung ist aber ebenso grundlos, als es die Zusammenstellung des Atkinson-R. K. Motors Abb. 24 mit dem Kond. R. Motor Abb. 40 wäre.

Unter Reihenschaltung von Ständer und Läufer hat der Kond. R. Motor mit Läufererregung neuerdings für das Anlassen besonders von Bahnmotoren Bedeutung erlangt, nachdem das frühere Mißtrauen gegen die technische Vollkommenheit der Regelung durch Bürstenverschiebung geschwunden ist.

Zusammenfassung.

Mit dem Kond. R. Motor ist die Herleitung aller Grundfälle des Einphasenwechselstrom-Motors zum Abschluß gebracht. Die gemischten Schaltungen, die weitere Übergänge vermitteln, sollen in Verbindung mit der Patentliteratur behandelt werden. Daher sind auch die doppelt gespeisten Motoren (vgl. Tabelle S. 8) hier noch nicht in Betracht gezogen worden, die insbesondere den äußeren Zusammenhang des Kond. R. Motors nicht nur mit dem innerlich verwandten Atkinson-Ind. R. Motor, sondern auch mit dem Atkinson-R. K. Motor vermitteln, da sich bei ihnen die jeweiligen beiden Grenzfälle unmittelbar herstellen lassen. Die Nebenschlußmotoren mit Ständererregung sind als reine Einphasenmotoren nicht brauchbar und werden deshalb gar nicht berücksichtigt. Daher ergibt sich die folgende Zusammenstellung, die das eingangs gebrauchte Bild der geschlossenen Kette berechtigt erscheinen läßt (vgl. Tab. S. 8).

Atkinson-N.K.Motor.
Kompensierter N.K.Motor (Fynn).

Negativer Drehsinn	Positiver Drehsinn
Doppelschluß-Kurzschluß-Motor F. G. L., A.E.G.	Doppelschluß-Induktionsmotor (B. B. & Cie).
R. K. Motoren (Ständerarbeits- und Erregerwicklung in Reihe).	Reihenschluß-Motoren (Läufer- arbeits- und Erregerwicklung in Reihe).
1. W. E. L. Motor.	Läufer- erregung	1. Doppelbürsten- und Einfachbürsten-I. R. Motor.
2. Atkinson-R. K. Motor.	Ständer- erregung	2. Atkinson-I.R. Motor.
3. Doppelt gespeister R. K. Motor		3. Doppelt gespeister I. R. Motor.

Kond. R. Motor mit Gegenwicklung.

Zweiter Teil.

Fünftes Kapitel.

Die Wechselstrommotoren in der Literatur.

Als um die Wende des Jahrhunderts weitere Kreise von Fach-
leuten an der Entwicklung des Einphasenmotors auf bestimmte
Ziele hin zu arbeiten begannen, war schon eine geraume Zeit ver-
gangen seit den ersten Versuchen, Einphasenstrom zum Antrieb
von Gleichstrom- und Drehstrom-Motoren zu verwenden. Beides
geschah schon vor 1890, aber in der zugänglichen Literatur ist
darüber bedauerlicherweise wenig zu finden.

ETZ. 1889, S. 1 äußert sich A. du Bois-Reymond „Über
die Schwierigkeiten, die der Arbeitsübertragung durch Wechselstrom im Wege stehen" und beschreibt die bei S. & H. unter-
nommenen Versuche, Gleichstrommaschinen mit Einphasenstrom zu betreiben. Sie mußten im allgemeinen ein unbefriedigen-
des Ergebnis haben, da nicht nur die Beseitigung des induktiven
Spannungsabfalles in der Läuferarbeitswicklung durch eine Gegenwicklung auf dem Ständer, sondern auch die Verlegung der Wicklung in Nuten noch gar nicht in Betracht gezogen war, wie eine
Äußerung über den Teslamotor auf S. 10 beweist.

a) Der asynchrone Induktions-Motor.

Die Theorie des Induktionsmotors nach Art des Drehstrom-
motors kann nicht gut von der Theorie der Kommutator-Motoren
getrennt werden, hat vielmehr der letzteren wesentlich vorge-
arbeitet. Deshalb soll die ältere Literatur über diesen Motor hier
Platz finden.

Experimentelle Untersuchungen über drei derartige Motoren
bis zu 3 PS Leistung sind zuerst 1894 von Banti veröffentlicht
worden:

Lum. El. T. 51, p. 72.

J.I.E.E. Vol. 23, p. 241.

ETZ. 1894, S. 496.

Um dieselbe Zeit entstand die „Querfeld"-Theorie und nahm
allmählich die Stelle der bis in die neueste Zeit noch vereinzelt
vertretenen Drehfeldtheorie ein, die nach Atkinson sehr dazu
beitrug, den Fortschritt im Entwerfen von Wechselstrommotoren
zu verzögern. Sie wurde begründet durch die Arbeiten von

Potier: 1894 Bull. Soc. Int. El., T. 11, p. 248 und

Görges: ETZ. 1895, S. 750.

Nach weiterer mathematischer Entwicklung (Görges, ETZ.
1898, S. 164) fand die Theorie ihren Abschluß in der Vereinigung
der physikalischen Vorstellung mit der mathematischen und
graphischen Darstellung durch das Vektorendiagramm:

Görges: ETZ. 1903, S. 271.

Diese Theorie ist auch in vereinfachter Weise von Franklin:

T.A.I.E.E. 1904, Vol. 21, p. 417

zur Aufstellung einfacher Formeln und eines Kreisdiagrammes
verwertet worden.

Steinmetz hat den Einphasen-Ind.-Motor außer in seinen
Lehrbüchern ausführlich mathematisch behandelt

T.A.I.E.E. 1898, Vol. 15, p. 103 und 1900, Vol. 17, p. 37.

b) Der Thomsonsche Repulsionsmotor und der Einfachbürsten-Induktions-Reihenschluß-Motor.

Hinsichtlich der Kommutator-Induktions-Motoren ist die
älteste Nachricht die über das U. S. P. 363 165 vom 17. VI. 1890
(ETZ. 1890, S. 441), Elihu Thomsons ursprünglichen Repulsionsmotor betreffend. Dieser Motor (Abb. 44) ≫ besitzt ausgeprägte
Pole auf dem Ständer und Läufer, deren Wicklungen in Reihe
geschaltet sind, und einen Stromwender mit einer der Polzahl
gleichen Lamellenzahl; die Lamellen sind abwechselnd mit je
einem Anschluß der Läuferwicklung verbunden. Beim Anlauf
ist der Schalter S offen, und der Strom durchfließt in Reihe
die Wicklungen des Ständers und des Läufers. „Die Bürsten

werden so verschoben, daß der Läufer sich zu drehen beginnt.“
Im Betriebe werden die Bürsten kurzgeschlossen, und der Motor
läuft synchron (!) weiter. ≪

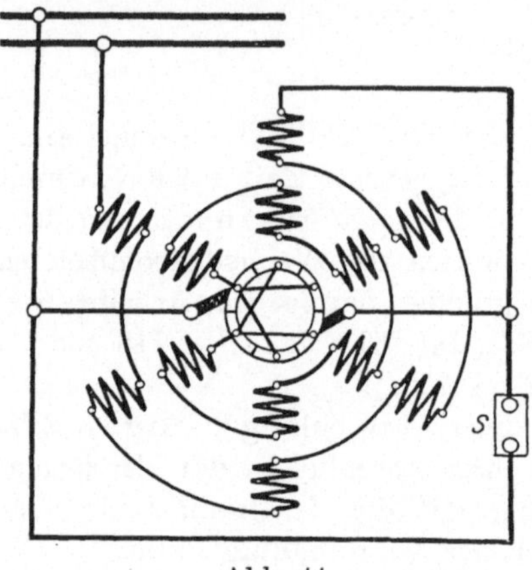

Abb. 44.

Dieser Motor stellt noch eine sehr unvollkommene Einrichtung dar und hat nichts mit dem heute als Thomson-Motor bezeichneten Ind.R.Motor (Abb. 37) gemein, der schon vorher bekannt war.

ETZ. 1889, S. 5 beschreibt du Bois-Reymond genau die Anordnung (l. c. Abb. 3 u. 4) sowie die Wirkung der Bürstenverschiebung und erwähnt sogar, daß dabei „das Feuern an den Bürsten ganz unerheblich ist“.

Einiges Licht wirft auf diese Frage wie überhaupt auf die Anfänge der Kommutator-Induktionsmotoren auch eine Äußerung Atkinsons:

J.I.E.E. 1906, Vol. 36, p. 367.

Atkinson nahm schon 1888 sein erstes Patent auf einen Wechselstrommotor, der auf der Vorstellung beruhte, daß die Sekundärspule eines Transformators rotiere und ein Magnetfeld auf die Drähte der sekundären Spule einwirke, in denen die von der primären Spule induzierten Ströme fließen. Bereits im gleichen Jahre wurde eine kleine Maschine dieser Art gebaut. Atkinson erkannte auch schon damals, daß der Luftspalt möglichst klein sein müsse, und die Übertreibung in diesem Punkte brachte durch die mechanischen Störungen die Versuche ins Stocken.

Hieraus geht deutlich hervor, daß Atkinson schon damals die wesentlichsten Grundsätze zu verwirklichen suchte, die erst viel später zu praktischen Erfolgen führten.

≫ Um 1891 erhielt Atkinson eine kleine Gleichstromnebenschlußmaschine und konnte sie nur dadurch als Wechselstrommotor betreiben, daß er die Nebenschlußwicklung an den Wechselstromgenerator anschloß, die Bürsten aber kurzschloß und

aus der neutralen Achse verschob. Da damals alle von dem Gedanken an Thomsons „Repulsionsmotor“ erfüllt waren, war es
so leicht, zu sagen, dies sei ein Repulsionsmotor, daß die meisten
nie weitere Fragen stellten. ≪ In dieser für jene Zeit begreiflichen
Verwechselung ist wohl der Grund dafür zu sehen, warum der
Induktions-Reihenschluß-Motor jenen ganz unzutreffenden Namen
erhielt.

c) Der Nebenschluß-Kurzschluß-Motor von Wightman.

Schon bevor Atkinson seinen N.K.Motor erfand, war ein
solcher von Wightman angegeben worden in dem amerikanischen
Patent Nr. 476 346 (7. VI. 1892) (Abb. 45).

Diese Schaltung ist aber für
die üblichen Spannungen ganz un-
verwendbar; S. 29 ist nachgewiesen,
daß, falls die Y-Wicklung nicht
kurzgeschlossen ist, eine ihr zugeführte Spannung nur zur Kompensierung dienen kann und daher der
Größe nach nur einen kleinen Teil
der Netzspannung betragen darf,

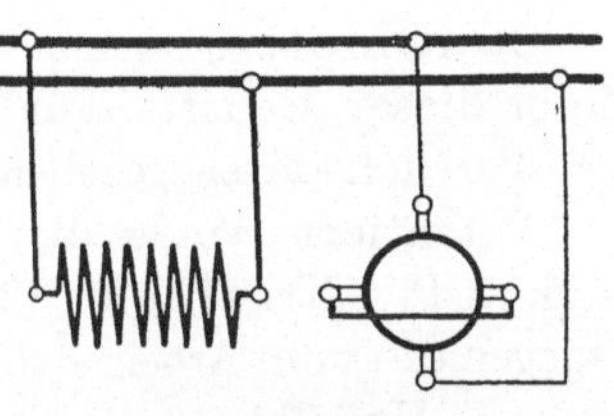

Abb. 45.

wenn die Wicklungen des Ständers und des Läufers dieselbe
wirksame Windungszahl besitzen, was für die Reihenschaltung
beim Anlassen, die sich in der Patentschrift natürlich noch nicht
vorfindet, notwendig ist.

Erst Fynn hat (nach seiner Angabe 1897) einen N.K.Motor
mit hohem Anlaßdrehmoment und Leistungsfaktor entworfen,
dessen Ausführung sich dann noch um 5 Jahre verzögerte.

d) Der Konduktions-Reihenschluß-Motor.

Über die erste Entwicklungszeit des Kond.R.Motors hat
Steinmetz einige Angaben gemacht:

T.A.I.E.E. 1904, Vol. 21, p. 69.

R. Eickemeyer, dessen Mitarbeiter Steinmetz war,
würdigte als erster die Bedeutung der Reihenschlußcharakteristik
für den Eisenbahnmotor und unternahm die Entwickelung des
Einphasen-Reihenschluß-Motors.

Kapp hatte 1888 gezeigt, daß ein Motor von der Bauart des Gleichstrommotors, mit Einphasenwechselstrom betrieben, stets einen niedrigen Leistungsfaktor haben müsse.

Eickemeyer erkannte, daß das Verhältnis der Läuferspannung zur Erregerspannung $\dfrac{P_{x_2}}{P_{y_1}}$ bzw. $\dfrac{E''_{x_2}}{E_{y_1}}$ möglichst groß sein müsse (vgl. Abb. 41), entwarf den Läufer mit einer Windungszahl, die einige Male größer war als die der Erregerwicklung ($N_{x_2} : N_{y_1} = 24 : 7$ im ersten Motor) und hob die Selbstinduktion der Läuferwicklung durch eine gleichachsige Gegenwicklung auf dem Ständer auf, die entweder kurzgeschlossen oder vom Hauptstrom im entgegengesetzten Sinne wie die Läuferwicklung durchflossen wurde.

Steinmetz untersuchte schon 1891 den ersten zweipoligen Motor dieser Bauart. Für den zweiten Motor von 1892 werden l. c. Versuchsdaten gegeben.

Patentiert wurde die kurzgeschlossene Gegenwicklung im U. S. A. P.   Nr. 479 675 (26. VII. 1892) Stanley & Kelly, dagegen die vom Arbeitsstrom durchflossene Gegenwicklung erst in
Nr. 576 119 (1. IX. 1896) Eickemeyer.

1902 berichtete Lamme über die Erfolge des Reihenschlußmotors auf der Einphasenwechselstrombahn Washington-Baltimore-Annapolis:
T.A.I.E.E., Vol. 19, p. 1231.

Außer dem erwähnten Aufsatz von Steinmetz (Referat ETZ. 1904, S. 366) findet sich noch eine Arbeit über Wechselstrombahnen von Blanck:
T.A.I.E.E. 1904, Vol. 21, p. 127
und ausführliche Äußerungen von B. J. Arnold, Steinmetz und Lamme:
J.I.E.E., Vol. 34, p. 229.

Eine experimentelle Untersuchung des Reihenschlußmotors mit Hilfe des Kreisdiagrammes hat
Creedy: J.I.E.E., 1905 Vol. 35, p. 45
veröffentlicht.

Das Kreisdiagramm behandelt auch Breslauer mit Berücksichtigung der Kurzschlußströme unter den Bürsten:
ETZ. 1906, S. 225.

Seine Vollendung erhielt der Reihenschlußmotor erst durch die Einführung eines zeitlich um etwa 90⁰ gegen den motorisch wirkenden Y-Induktionsfluß verschobenen Hilfsinduktionsflusses in der X-Achse, der hinsichtlich der Stromwendung wie der Transformator-Induktionsfluß der Induktionsmotoren wirkt (Abb. 43). Als selbständige Erfinder dieser Anordnung sind bekannt geworden:

R. Richter: ETZ. 1906, S. 133, Einfluß und Bekämpfung der Kurzschlußströme. — ETZ. 1906, S. 537, 558, Der Reihenschlußmotor der S.-S.W. — ETZ. 1907, S. 827, 958, 773, 799.

H. Behn-Eschenburg: D.R.P. Nr. 162 781 (4. III. 1904). — ETZ. 1907, S. 1075, Der Reihenschlußmotor der M. F. Oerlikon.

M. Milch: (General El. Co.).

Über die Verwendung des Motors mit kurzgeschlossener Gegenwicklung (Abb. 40) ohne Widerstandsverbindungen für Bahnbetrieb von seiten der Westinghouse Co. vgl. Revue électrique T. XV, 1911, Nr. 178, p. 474.

e) Gesichtspunkte für die Behandlung der Kommutator-Induktions-Motoren.

Der Wettbewerb auf diesem Gebiete hat eine so große Zahl von Systemen, Schaltungen und Theorien hervorgebracht, daß ein umfassender Überblick sehr erschwert wird. Überdies ist früher häufig in unerfreulicher Weise die persönliche Auffassung geltend gemacht worden; aber heute kann man sich auf den Standpunkt vorurteilsfreier historischer Betrachtung stellen, und da wird immer nur das gewertet, was erreicht, nicht was gewollt wurde. So scheiden von vornherein die Arbeiten und Erfindungen aller derer aus der Betrachtung aus, die, vielleicht zufällig, ohne inneren Trieb, auf das Problem gestoßen sind, daher in der Regel durch Mittel, die nicht im Wesen der Sache liegen, also unorganische künstliche Mittel, der Schwierigkeiten Herr zu werden suchen und den Gesichtspunkt der Wirtschaftlichkeit vernachlässigen. Im Gegensatz zu dieser hemmenden Klasse stehen die eigentlichen Forscher und Erfinder, die mit Scharfblick die Bedeutung und Tragweite eines Prinzips erkannt haben und die ihm anhaftenden Mängel durch innere organische Mittel zu beseitigen streben. Dies zeigt sich am deutlichsten in den Patentschriften, oft ist darin nicht die neue Erfindung am wichtigsten, sondern daß in allgemeiner Weise hervorgehoben wird, worin der Fortschritt gegenüber irrtümlicher Theorie oder falscher Anwendung liegt. Die Betrachtung soll sich daher vor allem an die deutschen Patentschriften anschließen. Daneben aber muß auch die Zeitschriftenliteratur herangezogen werden, die sich in zwei Gruppen einteilen läßt. Arbeiten über bestimmte Einzelgegenstände sind, soweit es sich nicht um ausländische Literatur handelt, meist nur erweiterte Wiedergabe dessen, was in den Patentschriften ohne Berücksichtigung der praktischen Ausführung kürzer und deutlicher dargestellt ist, und sollen deshalb im Anschluß an diese behandelt werden, wie auch die Dissertationen über einzelne Motorentypen — bisher fast die einzige Buchliteratur.

In den Zeitschriften findet sich aber auch eine größere Anzahl von Aufsätzen, in denen die verschiedenen Motorentypen von mehrfachen Gesichtspunkten aus zusammengefaßt und verglichen werden. Diese Gesichtspunkte können wiederum auch zu einer Charakterisierung der so zahlreichen Patentschriften dienen, wobei zur Erleichterung des Überblicks einige eindeutige Buchstaben benutzt werden mögen.

Es kommt in Frage:

Verbesserung der Stromwendung . . . . [SW]
Geschwindigkeitsregelung . . . . [v]
und Umsteuerung . . . . [$\bowtie$]
Verbesserung des Leistungsfaktors . . . . [φ]
bzw. Kompensierung . . . . [φ_k]
Erhöhung der Leistung . . . . [$+$ L]
bzw. des Drehmomentes (bei v $=$ konst.) . . . . . . [$+$ D]
Verbesserung der Materialausnutzung . . . . [A]

f) Vergleichende Behandlung der Motoren in der Literatur.

An erster Stelle ist Atkinsons bedeutungsvolle Abhandlung von 1898 (vgl. S. 3) zu nennen, in der alle damals bekannten Motoren für Einphasen- und Mehrphasen-Strom einheitlich behandelt werden. Die verschiedenen Arten der Erregung bei Einphasenmotoren werden zusammengestellt; besonders hebt Atkinson hervor, wie sehr sein N.K.Motor dem Gleichstrom-Nebenschlußmotor ähnlich ist. Bemerkenswerter Weise wird schon hier betont, daß das die **Drehung bewirkende Magnetfeld unabhängig** von dem induzierenden Felde ist und daher geregelt **werden kann**; so **beherrscht man die Geschwindigkeit** wie beim Gleichstrommotor. Dieser wichtige Gedanke ist allerdings erst später von anderen Erfindern verwirklicht worden.

In Deutschland beginnt erst mit dem Jahre 1904 plötzlich eine lebhafte literarische Behandlung der Einphasenmotoren.

Osnos: ETZ. 1904, S. 1; 25 stellt **Osnos** mit kurzen Erläuterungen die damals bekannten Schaltungen auf Grund der Patentschriften zusammen.

Eichberg: ETZ. 1904, S. 75 erscheint der Vortrag von **Eichberg** über „Einphasenkollektormotoren und ihre Regelung." Nachdem ganz allgemein die Verhältnisse im von Wechselstrom durchflossenen Gleichstromläufer dargelegt sind, wobei nach **Atkinson** zwischen Arbeits- und Erregerwicklung unterschieden wird, zeigt der Verfasser, daß die Bedingungen für die Aufhebung der Selbstinduktion (E'_{y_2}) der Erregerwicklung und der Kurzschluß-EMK E'_a unter den Arbeitsbürsten dieselben sind.

Für den R.K.Motor, den Kond.- und Ind.R.Motor werden die Vektorendiagramme entwickelt, und es wird hier zum ersten Male hervorgehoben, daß ein Motor mit einer Ständerwicklung, die aus zwei um 90^0 verschobenen in Reihe geschalteten Teilen besteht, nicht mehr den Charakter des Ind.R.Motors hat.

Pichelmayer: ETZ. 1904, S. 464 behandelt **Pichelmayer** klar und eingehend die wesentlichen Merkmale der Reihenschluß-Kommutator-Motoren und die Bedeutung der einzelnen Wicklungen, auf die sich eine nicht stichhaltige Klasseneinteilung der Motoren gründet. Sehr umfassend wird die Stromwendung besprochen.

Sumec: Z. f. E. 1904, S. 173; 200; 282 behandelt **Sumec** mathematisch die Einphasenmotoren, Z. f. E. 1905 S. 255 versucht er eine Bearbeitung mehr im Anschluß an die tatsächlichen Vorgänge und mit Rücksicht auf die Bedürfnisse der praktischen Berechnung. Es ist aber bedenklich, wenn zum Vergleich der verschiedenen Motorenarten Zahlen benutzt werden, die aus theoretisch abgeleiteten Gleichungen gewonnen sind.

v. Koch: 1905 gibt R. von Koch in seiner Dissertation „Über die Entwicklungsmöglichkeiten des Induktionsmotors" (J. Springer, Berlin), außer einer theoretischen Behandlung des N.K.Motors im Anschluß an die Darstellung von Görges, eine kurze Übersicht über die verschiedenen Motorenarten, auch einige der hier nicht behandelten praktisch unbrauchbaren.

Punga behandelt in seinem Buche „Das Funken von Kommutatormotoren" (Gebr. Jänecke, Hannover) 1905 außer der Stromwendung auch kurz die Theorie und Berechnung des Konduktions- und Induktions-R.Motors, sowie des R.K.Motors.

Niethammer: „Wechselstrom-Kommutator-Motoren" (Zürich, Alb. Raustein 1905) behandelt sehr gedrängt die Theorie und praktische Ausführung der Motoren. Vgl. Z. f. E. 1906, S. 2; 26, wo die Vektorendiagramme des Kond.R.Motors und des R.K.Motors gegeben werden, ferner E. u. M. 1911, S. 675, 699 (Doppelschluß-Motor). Vgl. S. 35.

Czepek berichtet Z. f. E. 1906, S. 225 über die vergleichende Untersuchung eines Motors von 7 PS. als Reihenschlußmotor mit Gleich- und Wechselstrom, als Ind.R.Motor, R.K.- und N.K.Motor sowie als Drehstrom-Induktionsmotor.

Thomälen (Z. f. E. 1906, S. 717) entwickelt die von Sumec gegebene Theorie weiter.

Linker gibt in einer Dissertation „Der Einphasenmotor" (Berlin 1907 bei R. Dietze, Verlag von Dinglers Pol. Journ.) eine beschreibende Zusammenstellung aller einschlägigen Patente auch des Auslandes bis 1906.

Görges (ETZ 1907, S. 730, 758 Disk. S. 771, 936) entwickelt klar die Grundlinien seiner hier benutzten Theorie der Wechselstrommotoren (vgl. Streckers Hilfsbuch, 1907).

Fynn: Eine klare Entwicklung derselben Theorie gibt auch Fynn 1907 in seinem Vortrage „Die Entstehung des Drehmomentes bei den Wechselstrommotoren" (J. I.E.E. 1908, Vol. 40, p. 181), unvollständiger Auszug E. u. M. 1908, S. 95, kurze Erwähnung ETZ. 1908, S. 304, mit besonderer Berücksichtigung der Nebenschlußmotoren . Das Drehmoment wird aus den Vektorendiagrammen abgeleitet; auch ergeben sich daraus zahlreiche allgemeine Sätze, die zum Teil ganz neues Licht auf den behandelten Stoff werfen und deren logischer Klarheit auch diese Arbeit vieles verdankt.

Osnos: ETZ. 1908, S. 3, 31, 52 veröffentlicht Osnos vergleichende Untersuchungen über „Wechselstrommotoren, besonders für Bahnen.“

Eichberg: Eine kurze Übersicht gibt auch Eichberg ETZ. 1909, S. 623, 663, 768 „Über die verschiedenen Arten der Wechselstrom-Kommutator-Motoren.“

g) Die Behandlung der Patentliteratur.

Im Gegensatz zu der Zeitschriftenliteratur tritt in der Patentliteratur der Kond.R.Motor fast ganz in den Hintergrund; das erleichtert die ohnehin gebotene Beschränkung auf die Induktionsmotoren. Anders als in der rein theoretischen Behandlung muß deren Betrachtung sich in der Reihenfolge vollziehen, wie sie zeitlich zu praktischer Bedeutung|gelangt sind. Die entscheidende Wichtigkeit der Stromwendung für den Anlauf der Wechselstrommotoren hat es bewirkt, daß viele besondere Schaltungen, denen aber meist an sich bekannte Elemente zugrunde liegen, zur Lösung des Problems angegeben worden sind; zu diesen kommen noch die Umschaltungen, die für den Anlauf der N.K.Motoren erfunden worden sind. Alle diese, die mit dem Dauerbetriebe im allgemeinen nichts zu tun haben, müssen getrennt behandelt werden. Daher ergibt sich folgende Einteilung [1]:

1. Induktions-Reihenschluß-Motoren.
2. Reihen-Kurzschluß-Motoren.
3. Nebenschluß-Kurzschluß-Motoren.
4. Gemischt erregte Kurzschluß-Motoren.
5. Anlaufschaltungen.

Bezüglich der Behandlung der Patente sei vorausgeschickt, daß die oft absichtlich unklar und nichtssagend gewählten Benennungen der Patentschriften nicht angeführt werden; vielmehr soll für die Bezeichnung allein der Charakter der Schaltung entscheidend sein, wie er sich aus der vorangeschickten Theorie

---

[1] Die dieser Einteilung entsprechende Ziffer ist im folgenden stets in Klammern beigesetzt.

ergibt. Ferner können die Patentansprüche im allgemeinen nicht als maßgebend für den wissenschaftlich-technischen Inhalt einer Patentschrift gelten, da sie mehr Rücksicht auf die geschäftlich-technische Ausbeutung des Patentes nehmen, die hier nicht in Frage kommt, weshalb auch die Löschung der Patente nicht berücksichtigt wurde.

In Klammern ist jeder Patentnummer der Zeitpunkt der Anmeldung beigefügt. Inhaltsangaben (in der Regel nicht wörtlich) der Patentschriften sind durch Einschließung in ≫≪ gekennzeichnet.

Sechstes Kapitel.

Induktions-Reihenschluß-Motoren (1).

Nr. 108 539 (15. II. 1898) **L. B. Atkinson**, Ind.R.Motor mit Ständerregung.

≫Im Gegensatz zu dem amerikanischen Patent Nr. 508 188, nach dem eine über den Läufer geschlossene Hilfswicklung in der Achse der Hauptarbeitswicklung wirkt, wird hier die Hilfswicklung senkrecht zur Hauptwicklung angebracht, um das Drehmoment zu verbessern (Abb. 38). Der Motor kann leicht angelassen werden und hat einen ruhigen, regelmäßigen Gang, aber die Phasenverschiebung ist zu groß; deshalb wird der Motor durch eine räumlich verschobene „Ausgleichswicklung" verbessert.≪

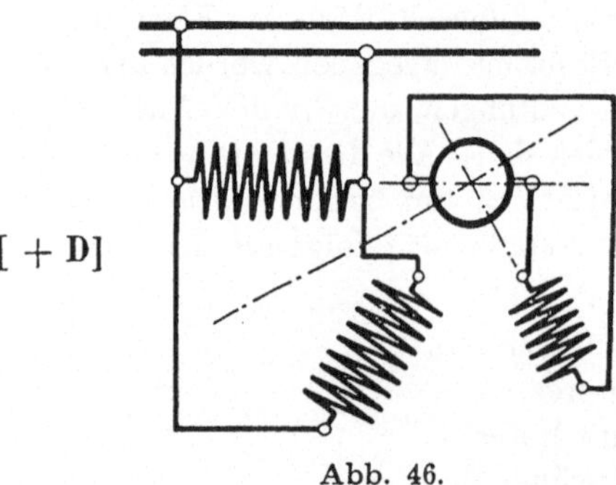

Abb. 46.

Der Leistungsfaktor ist nach S. 51 notwendig gering, weil die Magnetisierungs-EMK E'_{y_1} vom Netz geliefert werden muß. Durch die (der Hauptarbeitswicklung parallel geschaltete) Ausgleichswicklung (Abb. 46) wird die Ständerachse gegenüber der Bürstenachse verschoben, wodurch zum Teil Läufererregung eintritt und daher der Leistungsfaktor höher wird. Nach einer weiteren

Abbildung kann der Läufer über drei Schleifringe kurzgeschlossen werden.

Nr. 135 896 (6. XI. 1900) Fr. Vogel. Ind.R.Motor mit Ständererregung und über Widerstand geschlossenen Erregerbürsten.

Die angegebene Schaltung stützt sich auf die Erfindung Atkinsons; es wird aber hier ausdrücklich erklärt, daß das Drehmoment erst dadurch entsteht, daß man die um 90° gegen die Arbeitswicklung verschobene Erregerwicklung mit dem Läuferarbeitsstrom speist. Die Schaltung nach Abb. 47 stellt eine Vereinigung des Atkinson-Ind.R.Motors für den Anlauf mit dem Atkinson-N.K.Motor für Dauerbetrieb dar. Zur Regelung der Geschwindigkeit soll der Primär- oder Sekundärkreis durch regelbare Widerstände oder eine Drosselspule beeinflußt werden. Die Einschaltung

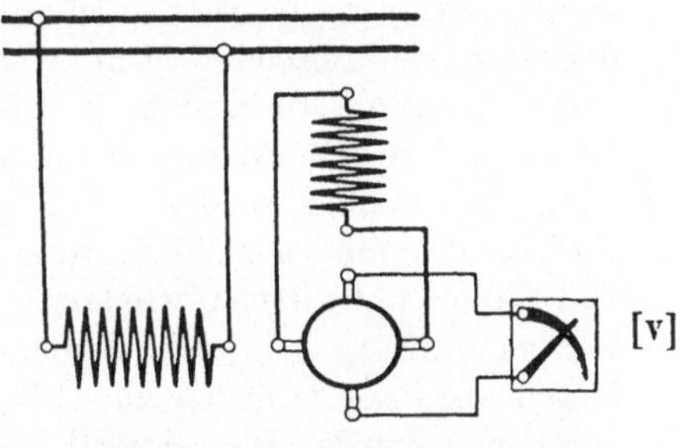

Abb. 47.

[v]

von Widerstand in den Läufererregerkreis ist für den Betrieb des Nebenschlußmotors äußerst schädlich (vgl. S. 25), aber hier tritt alsdann die Reihenschlußerregung in Wirksamkeit, in der Weise, wie dies S. 43 für reine Läufererregung gezeigt ist (vgl. Abb. 26—30).

In der Diskussion zum Vortrag von Eichberg (ETZ. 1904, S. 82) weist Vogel auf seinen Motor hin, der nach längeren Versuchen sehr befriedigende Ergebnisse geliefert habe. In der Patentschrift heißt es weiter:

≫Man braucht den Strom für die Erregerwicklung nicht notwendig dem Läufer zu entnehmen, sondern er kann durch eine Ständerwicklung in der Achse der Arbeitswicklung transformatorisch erzeugt werden.

Läuferstrom und Y-Magnetismus sollen gleich- [+ D] zeitig verschwinden,≪ d. h. in Phase sein. Dies ist aber bei der zuletzt beschriebenen Schaltung nicht möglich, vielmehr ergibt sie den unbrauchbaren N.K.Motor mit Ständererregung, bei dem die EMKK E'_{x_1} und E'_{y_1} und daher auch die Induktionsflüsse Φ_x und Φ_y fast phasengleich sind, so daß zwischen dem Läuferarbeitsstrom J_{x_2} und Φ_{y_2} eine große Phasenverschiebung besteht.

Nr. 140 925 (22. V. 1902) **L. Schüler,** Ind.R.Motor, dessen Läuferwicklung im Betriebe kurzgeschlossen wird.

≫Die Ind.R.Motoren werden gewöhnlich nach dem Anlassen dadurch in asynchrone Induktionsmotoren verwandelt, daß man die Läuferwicklung unter Umgehung des Stromwenders kurz schließt.   Im Falle starker Belastung muß dies schon bei sehr niedriger Geschwindigkeit geschehen, damit der Motor die Nähe der Synchrondrehzahl erreicht, was mit unverhältnismäßig hoher Stromaufnahme verbunden, ja bisweilen gar nicht möglich ist. Daher soll die Wicklung bei einer bestimmten Geschwindigkeit
[A] nicht unmittelbar, sondern über Widerstände kurzgeschlossen werden, die man allmählich ausschaltet.≪ Es ist merkwürdig, daß dieser naheliegende Gedanke erst besonders ausgesprochen werden mußte, und, nach mehrfacher Erwähnung des Patentes in anderen Patentschriften zu schließen, auch als etwas Besonderes anerkannt wurde. Die Widerstände sollen übrigens, wie bei dem
[v] Motor von Vogel, auch zur Geschwindigkeitsregelung benutzt werden, indem der Motor zwar Reihenschlußcharakteristik hat, aber bei Überschreitung des Synchronismus gebremst wird (Abb. 30).   Die Schleifringe, die für diese Einrichtung erforderlich sind, und bei deren Vorhandensein die Einschaltung regelbarer Widerstände eigentlich selbstverständlich erscheint, werden übrigens schon bei Atkinson Nr. 108 539 zum Kurzschließen des Läufers vorgeschlagen.

Nr. 155 281 (22. XII. 1903) **L.** Schüler und **F. G. L. W.** Regelung für Ind.R.Motoren.

Mittels eines Fliehkraftreglers soll die Verschiebung der
[v] Läuferbürsten derart beeinflußt werden, daß die Geschwindigkeit des Motors praktisch konstant bleibt.

Die Unkenntnis der tatsächlichen Vorgänge beim Ind.R.-Motor, sowie die Schwierigkeit, den Einfachbürstenmotor wirksam zu regeln, der eine allzu ausgeprägte, sozusagen störrische Reihenschlußcharakteristik besitzt, erklärt es, daß eine ganze Anzahl von Versuchen gemacht wurden, durch Widerstände und Drosselspulen an allen möglichen Stellen die Eigenschaften des Motors zu beeinflussen.

T.A.I.E.E. 1904, Vol. 21, p. 61 veröffentlicht Slichter Betriebskurven eines Einfachbürsten-Ind.R.Motors von 60 PS, der im Vergleich zu einem entsprechenden Gleichstrommotor ein ungemein schnelles fast geradliniges Ansteigen der Geschwindigkeit über der Stromstärke zeigt (Abb. 48). Der Leistungsfaktor beträgt bis 0,92, der höchste Wirkungsgrad 81 %.

Es läßt sich zeigen, daß bei dem Einfachbürstenmotor (Abb. 37) der Induktionsfluß Φ_y und das Drehmoment bei kleinen Winkeln ζ außerordentlich rasch ansteigen, um dann plötzlich abzufallen. Kleine Bürstenwinkel sind aber erforderlich, damit die Anzahl der Gegenwindungen in der Richtung der X-Achse, die diesen Winkel einnehmen, möglichst klein wird. Daher ist der Lauf des Motors zu wenig stabil, und es ist

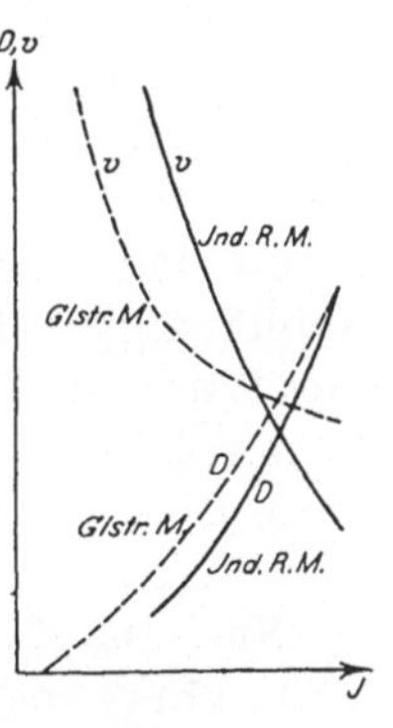

Abb. 48.

begreiflich, daß Versuche gemacht wurden, der zur Regelung nicht genügenden Bürstenverschiebung andere Regelungsverfahren anzuschließen und das „Querfeld" Φ_y, das in der Tat allzu stark anwächst, zu dämpfen. Alle diese Verfahren nehmen aber dem Motor seinen Hauptvorzug, die große Einfachheit.

Nr. 167 746 (12. V. 1903) D. Gurtzmann, Ind.R.Motor mit Ständererregung.

Der Atkinsonsche Motor (Abb. 38), der getrennte Ständerwicklungen besitzt, soll mit geschlossener, gleichmäßig verteilter Wicklung ausgeführt werden (Abb. 49).

Zum Anlassen und Regeln wird ein Ohmscher oder induktiver Widerstand in den Kreis der Läuferwicklung eingeschaltet; beides ist aber unwirtschaftlich. Zur Umsteuerung soll der Widerstand vergrößert, schließlich der Stromkreis unterbrochen und der Strom in der

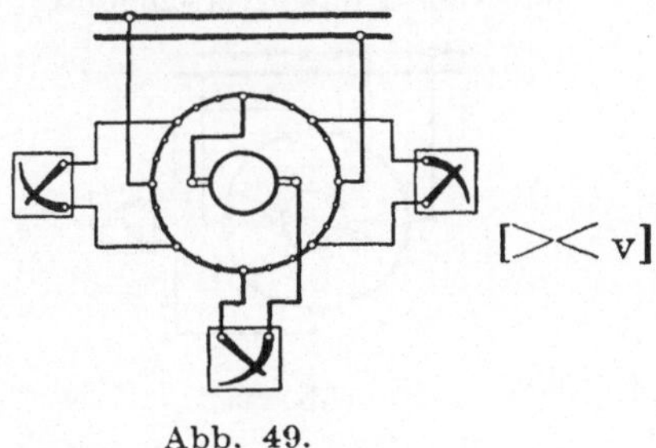

Abb. 49.

Erregerwicklung umgekehrt

werden. Statt des Widerstandes kann auch ein Transformator mit abgestufter oder drehbarer Sekundärwicklung (Induktionsregler) benutzt werden. Indem Punkte, die in Bezug auf die Klemmen der Ständerarbeitswicklung äquipotential liegen, durch Widerstände miteinander verbunden werden, kann die wirksame Windungszahl der Erregerwicklung verändert werden. Eine beträchtliche Verminderung von deren Windungszahl dürfte im Lauf allerdings notwendig sein, damit Φ_y und E'_{y_1} nicht allzu groß werden. Selbst abgesehen von den Verlusten in den erforderlichen Widerständen ist die geschlossene Wicklung nur nachteilig, denn sie beseitigt die Unabhängigkeit der Ständerwindungszahlen und damit auch die freie Wahl der Läuferwindungszahl, weil bei Stillstand die EMKK der Läufer- und Erregerwicklung einander nahezu aufheben müssen (Abb. 35).

Nr. 155 276 (23. VII. 1903) **D. Gurtzmann,** Einfachbürstenmotor mit geschlossener Ständerwicklung.

In der vorangegangenen Patentschrift kam die richtige Erkenntnis zum Ausdruck, daß der Läuferstrom J_2 mit dem Induktionsfluß Φ_y das Drehmoment erzeugt. Hier wird aber dieses „Querfeld“ mit dem Läuferfeld der Gleichstrommaschine verwechselt und ≫ihm außer der Feldverzerrung auch eine Erhöhung der Selbstinduktion im Läufer und der Phasenverschiebung

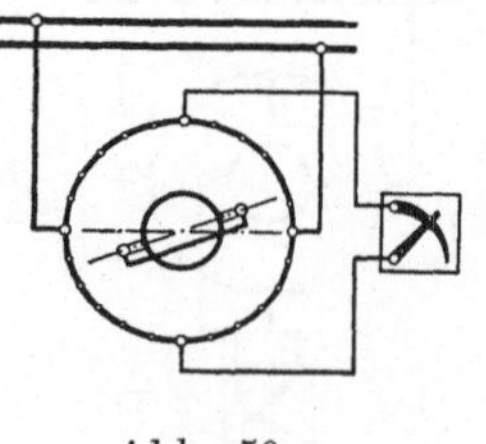

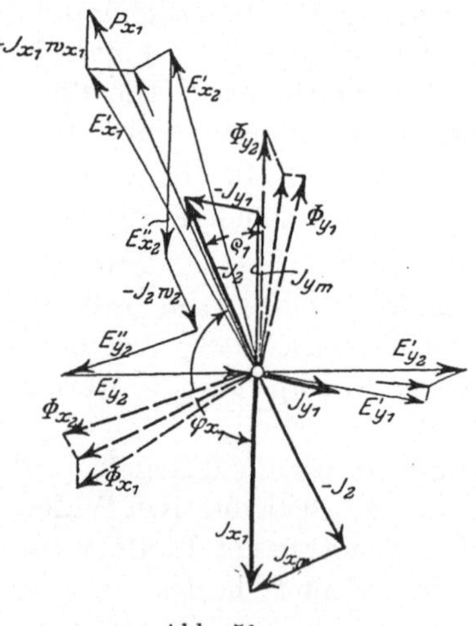

Abb. 50.　　　　　　　　　Abb. 51.

sowie dadurch verursachte Verringerung des Drehmomentes zugeschrieben. Es soll daher durch die Verbindung von zwei oder mehr für die Ständerarbeitswicklung äquipotentialen Punkten (Abb. 50) unterdrückt, bzw. da es einen induktiven Widerstand verursacht, zur Regelung des Läuferstromes und damit des ganzen [v] Betriebes benutzt werden.≪

Da die Y-Windungen der Läuferwicklung dann als belastete Transformatorwicklung arbeiten, so eilt der Läuferstrom J_2 gegen Φ_y voraus [Abb. 51). Die primäre Phasenverschiebung wird [v] allerdings kleiner, aber auf Kosten des Wirkungsgrades und vor allem des Drehmomentes ($\rho_1 > 0^0$).

Nr. 158 307 (5. VIII. 1903) **D. Gurtzmann**, Regelung und [$> v <$] Umsteuerung von Ind.R.Motoren.

In dieser Patentschrift wird der interessante, wenn auch praktisch schon wegen der hohen Kosten nicht durchführbare Vorschlag gemacht, den Einfachbürsten-Motor dadurch zu regeln und umzusteuern, daß die ganze Leistung durch einen Transformator mit drehbarer Primärwicklung geschickt wird. Je nach deren Stellung bekommen zwei einander gegenüberliegende der vier gleichmäßig verteilten Anschlußpunkte der Ständerwicklung überwiegend oder allein Spannung.

Eine große Anzahl von Schaltungen zum Umsteuern von [$><$] Ind.R.Motoren haben sich die F. G. L.-Werke schützen lassen. Diese beruhen sämtlich auf der Anwendung von Hilfswicklungen, die gegen die Ständerarbeitswicklung räumlich verstellt sind.

Nr. 166 957 (17. V. 1904) Anm. Engl. 18. V. 1903; **F. G. L.**

≫Die induzierende Wicklung wird — nach Art einer Dreiphasenwicklung mit Sternschaltung — in drei Gruppen angeordnet, von denen je zwei für eine Drehrichtung benutzt werden.

In dem Patent

Nr. 162 412 (12. VII. 1904) **F. G. L.**

wird es aber als nachteilig bezeichnet, daß dabei immer nur ein Teil des Materials ausgenutzt ist. Dieser Nachteil wird hier vermieden und trotzdem ermöglicht, der Ständerachse für den Anlauf [A] eine andere räumliche Lage zu geben als für den Lauf. Die Hilfswicklung besteht ebenfalls aus zwei gegeneinander und die Hauptwicklung verschobenen Teiler. Beide sind dauernd eingeschaltet, aber so, daß beim Arlauf der eine Teil im entgegengesetzten Sinne wirkt als die Hauptwicklung und der andere Teil der Hilfswicklung, während im normalen Betriebe beide Teile die Wirkung der Hauptwicklung verstärken.

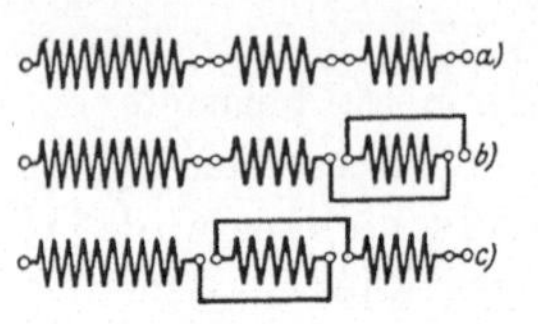

Abb. 52.

Abb. 52. a) normaler Betrieb, b) Anlauf in der einen Richtung, c) Anlauf in der anderen Richtung.

Nr. 166 902 (20. IV. 1905), **Nr. 172 335** (13. IV. 1905); Zusätze zu **162 412.**

Aus dem Hauptpatent wie den Zusätzen, die einfache Schaltverfahren angeben, geht hervor, daß vor allem an Motoren gedacht ist, die als Ind.R.Motoren anlaufen, dann aber in R.K.Motoren mit Läufererregung oder N.K.Motoren umgeschaltet werden, da ja für den normalen Betrieb in beiden Richtungen dieselbe Ständerachse vorhanden ist, die also mit der Läuferarbeitsbürstenachse zusammenfallen muß.

Nr. 190 792 (6. VII. 1905) F. G. L.

In dieser Patentschrift ist zur Kritik der vorangegangenen Patente die Äußerung wichtig, daß m e i s t e n s, besonders aber bei Bahnmotoren, weder die Bürstenverschiebung (vgl. Nr. 155 281, S. 70) — wegen der schwierigen mechanischen Ausführung der Verstellvorrichtung, mit der genügend genaue Einstellung der Bürsten [1]) kaum zu erreichen sei — noch die Umschaltung der Ständerwicklung angewendet werden könne, letzteres, weil es äußerst unzweckmäßig sei, den Hauptstrom zu unterbrechen, und weil zu viele Zuleitungen zum Motor erforderlich seien.

In etwas anderer Weise als in dem Patent Nr. 155 276 von G u r t z m a n n (S. 72) wird die Beseitigung bzw. Regelung des Induktionsflusses Φ_y versucht nach

Nr. 168 565 (1. X. 1904) Th. Lehmann.

Die geschlossene Ständerwicklung soll unter Zwischenschaltung eines regelbaren Transformators als Gegenwicklung in der

---

[1]) Anm. Die Erfahrung hat gezeigt, daß die Bürstenverschiebung sich sehr wohl technisch befriedigend ausführen läßt, weshalb sie in steigendem Umfange Anwendung findet.   (Vergl. S. 56: Reihenschluß-Motoren mit Bürstenverschiebung.)

Y-Achse benutzt werden (Abb. 53), mit der Absicht, Kompen- $[\varphi_k]$
sierung herbeizuführen, Wenn auch Φ_y, obschon nicht einfach
genug, auf diese Weise geregelt werden kann,
so ist es doch nicht möglich, dadurch den
Leistungsfaktor zu verbessern, denn nach
Abb. 36 wird ebenso wie die EMK der
Selbstinduktion E'_{y_2} auch E''_{x_2}, die darauf
senkrechte EMK der Rotation, verkleinert,
so daß der Winkel ρ_2 zwischen Φ_{x_2} und J_2
keine wesentliche Veränderung erfahren
kann [1]).

Nach einem weiteren Patent

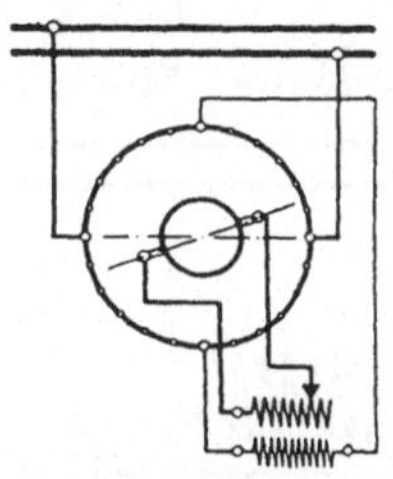

Abb. 53.

Nr. 167 887 (28. XII. 1904) Th. Lehmann, Kompensierter [φ_k] Einfachbürstenmotor.

soll die geschlossene Ständerwicklung unter einem Winkel zwischen
dem Bürstenwinkel ζ und 90^0 über eine regelbare Drosselspule
kurzgeschlossen werden. Es ist die (offenbar ganz zweckwidrige)
Absicht, ≫sowohl (vorwiegend) das vom Primärstrom als auch
das vom Sekundärstrom erzeugte Feld zum Teil zu beseitigen.≪

Im Gegensatz zu den bisher beschriebenen, zum Teil ver-
fehlten, zum mindesten aber unwirtschaftlichen Mitteln, ein allzu
starkes Anwachsen des Induktionsflusses in der Y-Achse zu verhindern, wird dies auf die einfachste und zweckmäßigste Weise
erreicht nach

Nr. 169 108 (18. X. 1904) Brown, Boveri & Cie.

indem der magnetische Widerstand im Wege des Y-Induktions- $\begin{bmatrix} A \\ SW \end{bmatrix}$
flusses vergrößert wird. Es werden Schlitze oder Löcher in den
Blechen des Ständers in der X-Achse angebracht, oder der Luft-
spalt im Wege des Y-Induktionsflusses wird vergrößert. Diese
Anordnung hat eine gewisse Bedeutung auch für den inzwischen von
M. Déri erfundenen Ind.R.Motor mit zwei Bürstenpaaren, ge-

---

[1]) Der Grundgedanke dieser Patentschrift ist neuerdings in etwas ver-
änderter Form in D.R.P. Nr. 236 648 (5. III. 1910) S. S. W. zum Ausdruck
gebracht worden.

schützt durch

Schweizer Patent **Nr. 28 964** (8.) I. 1904), **B. B. & Cie.**
D.R.P. Nr. 181 015 (24. X. 1904), Déri-Motor (Abb. 54).

Dieser Motor ist theoretisch schon S. 46 behandelt worden.

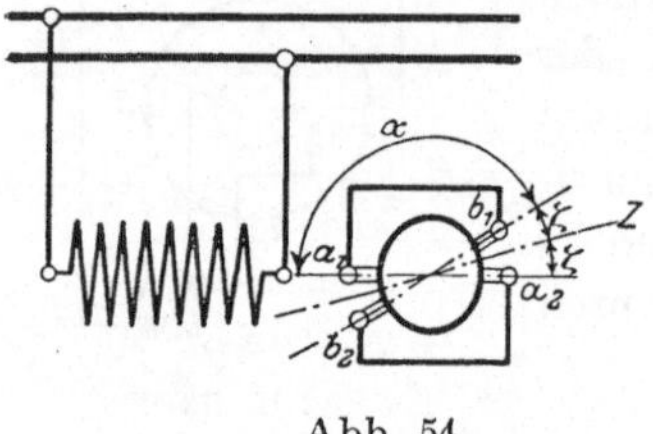

Abb. 54.

Im Anschluß an die Patentschrift sowie die wissenschaftlichen Veröffentlichungen möge hier noch einiges über das Verhalten im praktischen Betriebe Platz finden. Theorie und Ausführung sind eingehend in den Arbeiten von

K. Schnetzler: ETZ. 1905, S. 72, 91; 1907. S. 1097, 1128; 1908, S. 349

behandelt worden.

Neuste Ausführung und Betriebskurven vergl.
H. von Sääf: E.K.B. 1911 H. 15, 16, S. 293, 312.

F. Rusch: hat E. u. M. 1910, S. 197; ETZ. 1911, S. 157, 190 die Theorie und Berechnung des Motors behandelt, die ihre experimentelle Betätigung zum ersten Male durch die Untersuchungen von **O. Stern** über „Die Felder des Déri-Motors" gefunden hat (Dissertation, Karlsruhe 1910; J. Springer, Berlin).

Der Anlauf des Einfachbürstenmotors erfolgt von $\zeta = 90^0$ aus; die unter den Bürsten kurzgeschlossenen Windungen werden vom Induktionsfluß Φ_x vollständig durchsetzt. Beim Déri-Motor stehen für den Stillstand die beweglichen Bürsten $b_1 b_2$ in der X-Achse, so daß die Läuferwicklung vollständig stromlos ist. Um das nötige Anlaufdrehmoment zu erreichen, müssen aber die beweglichen Bürsten beträchtlich verschoben werden, unter Umständen bis weit über $\alpha = 90^0$ [1]). Der Drehsinn ist dem Sinne der Bürstenverschiebung entgegengesetzt. S. 46 ist angegeben, wie sich die in beiden Achsen wirksamen Windungszahlen bei der Bürstenverschiebung ändern. Schnetzler gibt ETZ. 1907 Figuren, die das veranschaulichen. Aus den Untersuchungen von Stern geht hervor, daß bei Anlauf und untersynchronem Lauf die be-

---

[1]) Anm. vergl. E.K.B. 1911 l. c.

weglichen Bürsten am meisten zur Funkenbildung neigen, bei übersynchronem Lauf dagegen die festen Arbeitsbürsten $a_1\,a_2$. Bei übersynchronem Lauf wird nach der Gleichung

$$\Phi_x = \Phi_y \ \sqrt{\frac{v^2 + \tan^2 \zeta}{1 + v^2 \tan^2 \zeta}}$$

$$\Phi_x \ \text{größer als} \ \Phi_y,$$

daher

$$E_a'' = c \cdot v \cdot \Phi_x$$

rasch viel größer als

$$E_a' = c \cdot \Phi_y.$$

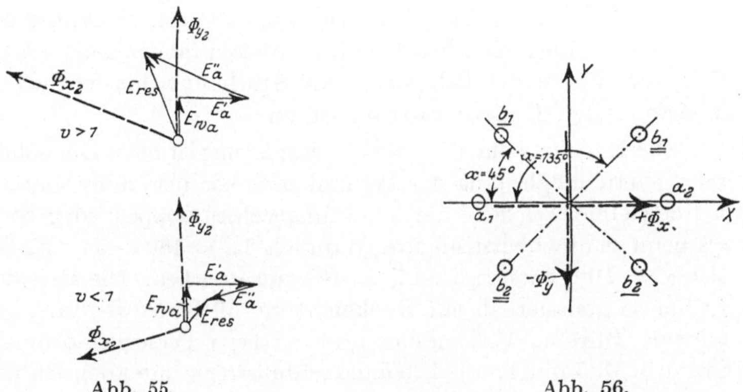

Abb. 55. Abb. 56.

Auch wirkt bei übersynchronem Betriebe die veränderte Lage der Vektoren dazu mit, die resultierende EMK zu vergrößern (Abb. 55).

Hinsichtlich der Spulen, die unter den beweglichen Bürsten kurzgeschlossen werden, ist dagegen zu bedenken, daß infolge ihrer schrägen Stellung darin von beiden Induktionsflüssen je zwei EMKK induziert werden. Dies ist schwierig zu übersehen, aber bei Stillstand liegen die Verhältnisse einfach genug. Da Φ_x und Φ_y dann nahezu 180^0 Phasenverschiebung gegeneinander haben, so bedeutet das in der räumlichen Darstellung z. B.: $+\Phi_x$ ist zugleich mit $-\Phi_y$ vorhanden (Abb. 56). Stehen die beweglichen Bürsten unter einem Winkel $\alpha < 90^0$, so ändert sich in Bezug auf die kurzgeschlossene Spule der Magnetismus in beiden Achsen im entgegengesetzten Sinne, also sind die EMKK einander entgegengesetzt gerichtet, aber es ist $\Phi_y < \Phi_x$, und nach Sterns Meßwerten ist stets der resultierende Magnetismus, der die Spule $b_1\,b_2$ durchsetzt, größer als der Y-Magnetismus, der die Spule $a_1\,a_2$ durchsetzt. Immerhin ist dieser beim Déri-Motor mögliche Fall noch günstig gegenüber dem, der bei $\alpha > 90^0$ und beim Einfachbürstenmotor stets eintritt, daß beide Induktionsflüsse die Spule $b_1\,b_2$ im gleichen Sinne durchsetzen, die EMKK einander also verstärken. (Über diese Frage findet sich eine infolge der unklaren Ausdrucksweise ergebnislos verlaufene Diskussion v. Koch-Richter ETZ. 1906, S. 224, 304, 399.)

Die Lage der gesamten eingeschalteten Wicklung entspricht allerdings hinsichtlich beider Achsen immer dem ersten Fall, aber im zweiten Fall gehört die Spule $b_1\,b_2$ hinsichtlich der Y-Achse den Gegenwindungen an.

[v] Die Regelung durch Bürstenverschiebung ist beim Déri-Motor sehr genau möglich, da der Winkel zwischen den Bürstenachsen für denselben Winkel ζ der Wicklungsachsen doppelt so groß ist als beim Einfachbürstenmotor, nämlich $2\,\zeta = 180 - \alpha$. Es läßt sich $\alpha = 160^0$ entsprechend $\zeta = 10^0$ gut erreichen. Die Regelung ist um so genauer, als mit Rücksicht auf die Stromwendung sehr schmale Bürsten Verwendung finden (beim Versuchsmotor von Stern z. B. 5 mm breit). Die Kurzschlußströme unter den Bürsten können auch auf andere Weise nicht bekämpft werden, wenn man von Widerstandsverbindungen zwischen Wicklung und Stromwender absieht; möglich ist die Verwendung schmaler Bürsten um so eher, als jede Bürste nur den einer Wicklungshälfte entsprechenden Läuferstrom zu übertragen hat.

In der Patentschrift ist auch die Möglichkeit erwähnt, den Déri-Motor dadurch zu bremsen, daß man die beweglichen Bürsten über die Anfangslage (a_1, a_2) zurück im entgegengesetzten Sinne verschiebt. Rusch kommt ETZ. 1910, S. 778 auf Grund theoretischer Untersuchungen und praktischer Ergebnisse zu dem Schluß, daß dies nicht möglich ist, da bei diesem Verfahren freie Stromschwingungen auftreten, deren Amplituden immer größer werden. Dagegen berichtet H. v. Sääf E.K.B. 1911 l.c., daß die Nutzbremsung mit etwa 60 % Wirkungsgrad sehr gut ausführbar ist, da die Selbsterregung durch eine einfache Umschaltung verhindert werden kann. Die Vorgänge bei der Kurzschluß- und Nutzbremsung der verschiedenen Motorenarten untersucht auch Paul Müller, E.K.B. 1911. H. 36.

Nr. 182 655 (8. IV. 1905); Zusatz zu **181 015 B. B. & Cie.**

Dieses Patent erhält die Anwendung der Schaltung Abb. 26, [v] die S. 41 dazu benutzt worden ist, den Ind.R.-Motor aus dem N.K.Motor herzuleiten. Bei der synchronen Geschwindigkeit wird durch einen Fliehkraftschalter unmittelbar oder allmählich eine Verbindung der beiden Läuferkreise über Widerstände hergestellt, so daß die Geschwindigkeitscharakteristik nach Kurve I' I" (Abb. 30) verläuft. Dann entspricht einer bestimmten Belastungs-änderung bei allen Geschwindigkeiten dieselbe Änderung der Dreh-zahl, die sonst bei übersynchroner Geschwindigkeit größer ist als bei untersynchroner.

Damit aber, wenigstens wohl ohne allzu große Verluste in den Widerständen, der Zweck erreicht wird, ist es wesentlich, daß der Bürstenwinkel $\alpha > 90^0$ ist und etwa zwischen 130^0 und 160^0 beträgt. Sonst zeigt der Motor nach der Umschaltung das Verhalten des N.K.Motors (Abb. 30) Kurve I' II". Die Schaltung verfolgt daher eine etwas andere Absicht, als sie das Patent Nr. 140 925 von Schüler (S. 70) ausspricht. Zudem erfolgt dort der Schluß der Läuferwicklung über Schleifringe. Jenes ältere Bestreben kommt aber von neuem zum Ausdruck in der Erfindung eines „Repulsions-Induktions-Motors" von

M. Milch: T.A.I.E.E. 1906, Vol. 25, p. 269; ETZ. 1906. S. 1144.

Es wird ein Motor erstrebt, der die Eigenschaften des Ind.R. [v, A] Motors und des Nebenschluß-Induktions-Motors besitzt, und z. B. ein vierpoliger Einfachbürstenmotor mit einem zweipoligen At-kinson-N.K.Motor vereinigt gedacht. Tatsächlich wird aber auf dem Ständer eine gleichmäßig verteilte geschlossene Wicklung angebracht, deren Feldkurve ein zweipoliges Grundfeld enthält, das dem N.K.Motor entspricht, während die Oberfelder von 6, 10 ... Polen den Läufer wie bei einem Ind.R.Motor beeinflussen. Beim Anlauf wird das Drehmoment des letzteren Systems ausgenutzt, bei Erreichung der Synchrondrehzahl wirkt das N.K.System bremsend. Die Versuchskurven für einen 5 PS-Motor zeigen ein starkes Anlaufmoment, das allmählich abfällt und wenig über Synchronismus zu Null wird. Es erscheint zweifelhaft, ob für die dementsprechend stark abfallende Geschwindigkeitscharakteristik ein Bedürfnis vorhanden ist.

Nr. 210 548 (25. VIII. 1907) S. S. W., Ind.R.Motor mit zwei Bürstenpaaren.

In dem Patent wird bezweckt, die Feldverteilung noch günstiger als beim Déri-Motor zu gestalten, indem unter Berufung auf Feldverteilungskurven ,deren Zusammenhang mit der Wirklichkeit nicht zu erkennen ist, vorgeschlagen wird, die festen Bürsten $a_1 \, a_2$ unter dem Öffnungswinkel der Ständerwicklung einzustellen, also unter 30^0, wenn $2/3$ der Polteilung bewickelt sind, während die beweglichen Bürsten $b_1 \, b_2$ eine je nach der Geschwindigkeit mehr oder weniger breite, nur in einem Sinne magnetomotorisch wirksame Zone auf dem Läufer abgrenzen sollen.

Dem ist entgegenzuhalten, daß hier die zur Erzeugung des Y-Induktionsflusses nötigen Windungen ausgeschaltet werden, der zusammen mit dem Drehmoment zu Null wird, wenn die beweglichen Bürsten $b_1 \, b_2$ ebenfalls unter 30^0 stehen, wobei allerdings in der X-Achse die MMK auf Ständer und Läufer ganz gleichartig verteilt ist. Der Richtungssinn von Φ_y und damit das Drehmoment kehrt sich bei Überschreitung jenes Winkels um; also ist auch das Anlassen unmöglich.

Einleitung zum VII. und VIII. Kapitel.

Bei den als Kurzschluß-Motoren fernerhin bezeichneten Maschinen ist das äußere Merkmal, der Kurzschluß der Läuferarbeitswicklung, durchaus nicht immer vorhanden. Vielmehr wird häufig an diese Wicklung eine veränderliche Spannung gelegt, so daß also die Läuferwicklung ebenso wie die Ständerwicklung konduktiv Energie erhält, was zu der Bezeichnung „doppelt gespeister Motor" Veranlassung gegeben hat. Durch eine derartige Umschaltung wird aber an der Arbeitsweise der Motoren nichts geändert; diese Tatsache und ferner der Umstand, daß die Läuferarbeitsspannung nicht nur in einem bestimmten Falle stets Null sein muß, sondern daß auch der völlige Kurzschluß der Arbeitsbürsten, der logisch als Sonderfall erscheint, nach wie vor in den meisten Betriebsfällen praktisch geboten ist, gibt der zusammenfassenden Bezeichnung nach diesem Merkmal ihre innere Berechtigung.

Die Entwicklung der Kurzschlußmotoren in Deutschland nimmt ihren Ausgang nicht von dem R.K.Motor Atkinsons, der für identisch mit dem Ind.R.Motor gehalten wurde, sondern von dem

> D.R.P. Nr. 153 730 (16. XI. 1901) A. E.-G., Verfahren zur Regelung von Wechselstrommaschinen mit Gleichstromanker.

Die Patentschrift enthält eingehende theoretische Darlegungen, die — zunächst wenigstens — auf der Vorstellung eines Drehfeldes beruhen und nur auf mehrphasige Motoren passen.

Wesentlich ist die klare Unterscheidung zwischen Arbeits- und Erregerwicklungen, befremdend wirkt heute, daß in beiden Fällen die völlige Umkehrbarkeit zwischen Ständer und Läufer andauernd betont und zeichnerisch dargestellt wird. Praktisch ausführbare Schaltungen für Einphasenmotoren gibt die Patentschrift nicht an, denn überall ist der Anschluß der Erregerwicklungen offen gelassen, doch wird mehrfach betont, daß der vom Erregerstrom erzeugte Induktionsfluß mit den Arbeitsströmen in Phase gehalten werden muß, um ein möglichst großes Drehmoment zu erzielen.

Hier soll nur behandelt werden, was für die spätere Entwickelung der wirklichen Einphasenmotoren maßgebend gewesen ist.

≫ Bei der in Abb. 57 dargestellten Schaltung — (in einer analogen Figur wird der Erregerstrom in der Y-Achse den Punkten B_1 B_2 der Ständerwicklung anstatt den Bürsten b_1 b_2 zugeführt) — führt die Ständerwicklung in der X-Achse Arbeits- und Erregerstrom, die jeweilige Y-Wicklung stets nur Erregerstrom. Durch beide Wicklungen wird ein mehr oder weniger vollkommenes Drehfeld erzeugt, das mit den Arbeitsströmen in der Läuferwicklung der X-Achse das wirksame Drehmoment ergibt.

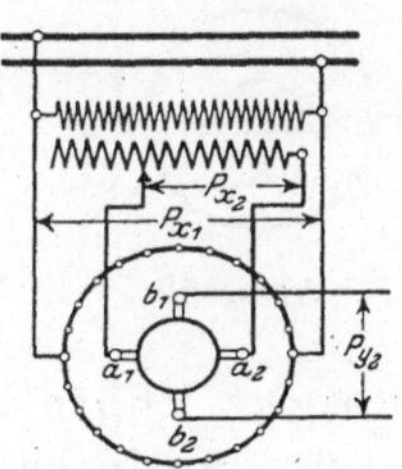

Abb. 57.

Es gibt zwei Mittel, die Geschwindigkeit zu regeln: [v]

1. **Die Differenz der Spannungen** P_{x_1} und P_{x_2} (Abb. 57) **wird verändert, im allgemeinen durch Änderung von** P_{x_2}.

2. Da die Vollkommenheit des Drehfeldes im besprochenen Falle kein unbedingtes Erfordernis ist, so kann der Magnetismus in der Y-Achse in weiten Grenzen verändert und zur Drehzahlregelung benutzt werden.

Die Spannungen P_{x_2} kann über Widerstände an die Bürsten gelegt werden, um gleichzeitig die Geschwindigkeit und die Phasenverschiebung zu regeln. Man kann schließlich die Regelung nur durch Widerstände vornehmen. «

Hierbei wird zunächst nur (Abb. 58) der Schluß der Ständerwicklung über Widerstände dargestellt; das ist die beim Kond.R.-Motor längst bekannte kurzgeschlossene Gegenwicklung in der Arbeitsachse. Der Gedanke wird jedoch weiter entwickelt im Zusatzpatent

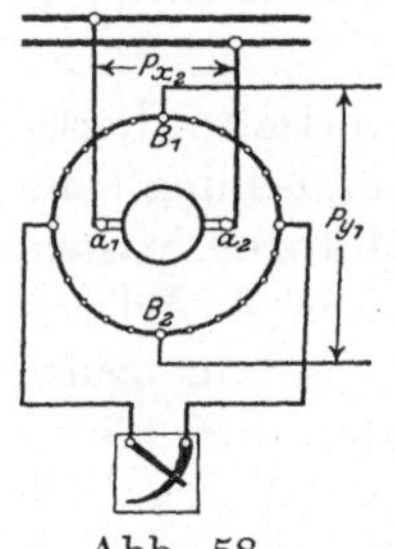

Abb. 58.

Nr. 175 377 (16. XI. 1901) **A. E.-G.**, Regelung von Einphasenwechselstrommaschinen.

≫ Ganz allgemein kann die eine Arbeitswicklung über Widerstände oder unmittelbar kurzgeschlossen werden.≪ Letzteres war aber sowohl für die Ständerwicklung (Kond.R.-Motor) als für die Läuferwicklung (Atkinson-N.K.- und R.K.-Motor) schon lange bekannt.

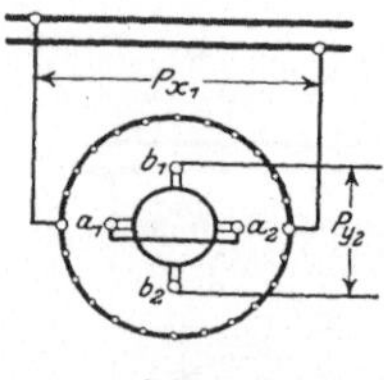

Außer der Schaltung (Abb. 58), die auch mit Läufererregung über Bürsten $b_1 b_2$ gegeben wird, ist besonders die Schaltung nach Abb. 59 bemerkenswert, die auch noch mit Ständererregung wiederholt wird.

≫ Die Erregung des Magnetfeldes durch eine um die halbe Polteilung versetzte Wicklung kann mit einer Spannung beliebiger Phase bewirkt werden, so daß das Magnetfeld von den anderen Stromkreisen völlig unabhängig ist.≪

Abb. 59.

Siebentes Kapitel.

Reihen-Kurzschluß-Motoren (2).

Vom Jahre 1901 ab beschäftigte sich die Elektrotechnik lebhaft mit dem Vorgang der Erzeugung eines Induktionsflusses durch eine umlaufende Kommutatorwicklung, angeregt durch die Untersuchungen von Heyland, Latour und Osnos über mehrphasige Erregung. Auch die besondere Bedeutung des Stromwenders für die Erregung von Einphasenmotoren wurde bald erkannt, und als ein Ergebnis der selbständigen Untersuchungen von Winter und Eichberg, sowie von Latour:

vgl. Ecl. El. 1903, T. 34, p. 225, ETZ. 1903, S. 877,

fand der R.K.Motor mit Läufererregung (W.E.L.Motor) als neue praktisch wertvolle Type des Einphasenmotors in der Technik Eingang. Dieser Motor in seiner einfachsten Form (Abb. 21) ist schon S. 36 behandelt worden, wobei auch erwähnt ist, weshalb praktisch ein Erregertransformator nötig ist.
In dieser Form ist die Schaltung geschützt durch

D.R.P. Nr. 195553 (15. I. 1903) A.E.-G. (199553 im amtl. Verzeichnis).

≫Die in Nr. 153730 und 175377 angegebene Bedingung, daß Arbeits- und Erregerstrom gleiche Phase haben müssen, wird erfüllt, wenn man die Erregerbürsten in den Sekundärkreis eines Reihentransformators schaltet, dessen primäre Wicklung mit der Ständerarbeitswicklung in Reihe geschaltet ist, und zwar für alle Belastungen und alle Geschwindigkeiten auch über Synchronismus hinaus. Der Erregerstrom kann durch Widerstände oder durch Änderung des Übersetzungsverhältnisses des Transformators geregelt werden≪ (Abb. 60).

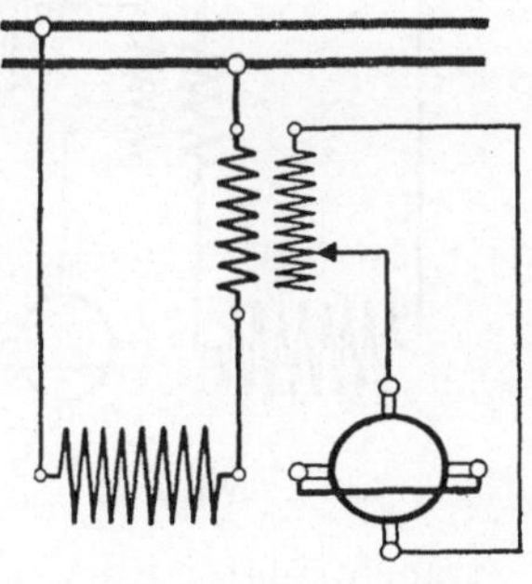

Abb. 60.

Dieses Patent gehört eng zusammen mit

Nr. 206 444 (15. I. 1903) A. E.-G.,

wo genau die gleiche Schaltung für den Fall beschrieben wird, daß die Erregerwicklung mit der Ständerarbeitswicklung vereinigt ist. Daran schließen sich wichtige Bemerkungen über die Bedeutung des Erregertransformators.

[A] ≫Dieser bietet denselben Vorteil wie beim Reihenschluß-motor ein Haupttransformator für die Läuferarbeitswicklung≪, nämlich wirtschaftliche Drehzahlregelung, ≫hat aber noch den besonderen Vorzug, daß keine in mechanische umzusetzende elektrische Energie transformiert wird, weshalb er wesentlich kleiner sein kann≪. Als Haupttransformator wirken die beiden Arbeitswicklungen, was aber nur dann ein besonderer Vorteil ist, wenn nicht ohnehin die Netzspannung für den Motor durch einen Transformator erniedrigt werden muß.

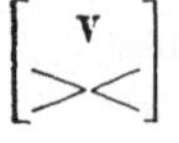 ≫In den Erregerkreis mit niedriger Spannung können auch mit Vorteil die Schaltvorrichtungen zur Regelung und Umsteuerung des Motors gelegt werden.

Für den besonderen Fall, daß die Erregerwicklung mit der Ständer-Arbeitswicklung nicht vereinigt wird, (beim Atkinson-R.K.Motor Abb. 24) ist die unabhängige Regelung des Erregerfeldes bereits bekannt. Die Regelung durch Änderung der Windungszahl hat aber den Nachteil, daß der Hauptstrom dabei unterbrochen wird, wenn die Erregerwicklung selbst im Arbeitsstromkreise liegt.≪

In beiden Patenten wird noch eine Schaltung angegeben, bei der die Spannung an der Erregerwicklung sich aus der Spannung am Reihentransformator und an einem Transformator parallel zum Netz zusammensetzt (Abb. 61).

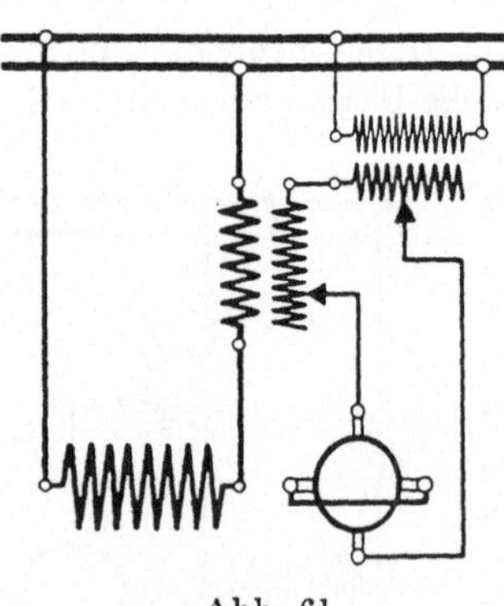

Abb. 61.

An den Grenzfall, den Reihentransformator ganz auszuschalten, ist aber offenbar nicht gedacht, sondern an die Verbesserung der Phasenverschiebung. Bei Läufererregung ist diese theoretisch in gewissen Grenzen

möglich, jedoch ist dann gerade schon bei reiner Reihenschlußerregung der Leistungsfaktor des Motors gut; bei Ständererregung aber kann der Paralleltransformator nur verschlechternd
wirken, da die einzige EMK der Erregerwicklung E'_{y_1} und
somit auch die Spannung P_{y_1} ungefähr um 90^0 gegen die Netzspannung in der Phase verschoben sein muß.

In

Nr. 216 249 (11. II. 1903) **A. E.-G.**

mit Zusatz **Nr. 220 062** (1. X. 1907)

wird die Regelung der Motoren unter Schutz gestellt, die man da- [V]
durch erzielen kann, daß man das Übersetzungsverhältnis
des Reihen-Erregertransformators ändert. Da die primären und sekundären AW des Transformators einander ungefähr
entgegengesetzt gleich sind, so wird der Erregerstrom J_{y_2} und der
Induktionsfluß Φ_y verstärkt, die Geschwindigkeit verringert, wenn die sekundäre Windungszahl N_{t_2} des Transformators verkleinert wird; umgekehrt wird die Geschwindigkeit erhöht, wenn das Übersetzungsverhältnis $\dfrac{N_{t_2}}{N_{t_1}}$
vergrößert wird.

Nr. 193 140 (11. II. 1903) **A. E.-G.**, **W. E. L.** Motor mit
Nebenschluß-Widerstand.

≫Bei Reihenerregerwicklungen auf dem Ständer ist der
Nebenschluß-Widerstand zur
Regelung längst bekannt; er
kann aber mit besonderem
Vorteil, ohne daß ein Transformator benutzt wird, auch
hier dazu dienen, das Verhältnis von Erreger- und
Arbeitsstrom ohne starke Einbuße an Wirkungsgrad und

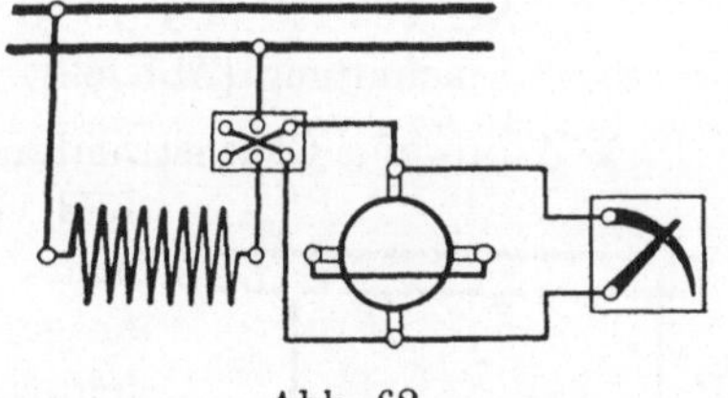

Abb. 62.

Leistungsfaktor zu regeln (Abb. 62). Denn der Widerstand liegt
nur an der Erregerspannung, die wesentlich kleiner als die Arbeitsspannung ist. Der Widerstand ist im Anlauf und bei hoch über
Synchronismus liegenden Drehzahlen besonders wirksam.≪ Dann
trifft aber gerade am allerwenigsten die Behauptung zu, daß die
Erregerspannung wesentlich kleiner als die Arbeitsspannung sei,

und außerdem ist dann P_{y_2} (vgl. Abb. 22 und 23) stark phasenverschoben gegen den Arbeitsstrom, so daß der Parallelwiderstand die zweckwidrige Wirkung hätte, die Phasen des Erregerstromes J_{y_2} und des Arbeitsstromes J_{x_1} stark gegeneinander zu verschieben; in dieser Beziehung ist er allerdings sehr wirksam.

Nr. 194 036 (14. VII. 1906) A. E.·G.

In diesem Patent wird genau die gleiche Schaltung (Abb. 62) noch einmal geschützt, zu dem ganz anderen Zweck, die Strom-[SW] wendung zu verbessern. Von dem Induktionsfluß Φ_x kann nur die von Φ_y verursachte Transformator-EMK E_a' (vgl. S. 23) unter den Arbeitsbürsten durch eine EMK der Rotation E_a'' aufgehoben werden; um aber auch die Wende-EMK E_{w_a} aufzuheben, wäre eine Komponente von Φ_x in Phase mit dem Ständerarbeitsstrom notwendig (tatsächlich vielmehr in Phase mit dem Läuferarbeitsstrom J_{x_2}, mit dem E_{w_a} in Phase ist; denn E_a'' ist bei dem negativen Drehsinn gegen Φ_{x_2} um 180° verschoben).

Es ist an die Wirkungsweise des Kond.R. Motors mit über die ganze Läuferwicklung verteiltem phasenverschobenem Hilfsinduktionsfluß gedacht. (Abb. 42 und 43) (S. 54).

Tatsächlich würde hier nur die Phase von Φ_y und E_a' gegenüber den beiden andern EMKK verändert werden, was aus den vorhin angegebenen Gründen unzweckmäßig ist.

Nr. 163 295 (5. I. 1904) Arnold & la Cour, Dreibürstenschaltung (Abb. 63).

≫Wenn eine Gleichstromläuferwicklung nicht nach dem Vorbild von B. G. Lamme mit verkürztem oder verlängertem Wicklungsschritt ausgeführt wird, so sind die Oberfelder sehr stark. Um diese zu vermindern und die große Bürstenzahl beim R.K. Motor zu umgehen, sollen 3 um je 120° versetzte Bürsten verwendet werden. Die Verteilung des Läuferfeldes nähert sich mehr der Sinusform, wodurch die Leistungsfähigkeit des Motors größer wird≪. Daß für die Erregerwicklung

[A]

[+ L]

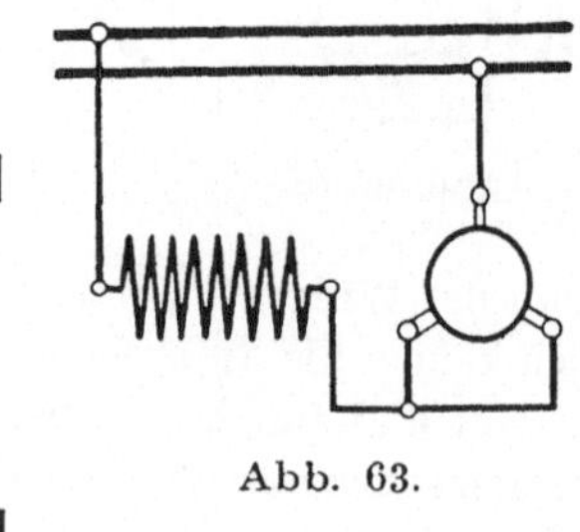

Abb. 63.

nur ein Teil der Windungen ausgenutzt wird und für die Arbeitswicklung die EMKK in den einzelnen Windungen zum Teil einander entgegengeschaltet sind, findet hier noch keine Beachtung und Erwähnung. ≫Die Bürsten können theoretisch verschiedene Lagen haben, sollen aber gewöhnlich so stehen, daß das Feld des Ständerstromes fast völlig aufgehoben wird.≪ Mit dem „Feld" ist wohl nur die räumliche Verteilung der MMK gemeint. Weder die Wirkungsweise noch die Anordnung ist also hier völlig klargestellt. Es folgen jedoch bald mehrere naheliegende Abänderungen.

Nr. 168 496 (28. IV. 1904); Zus. zu 163 295.

≫Die beiden kurzgeschlossenen Bürsten können um einen Winkel von 90⁰ bis 180⁰ gegeneinander verschoben sein≪; so ist es jedenfalls möglich, das Verhältnis der wirksamen Windungszahlen zu beeinflussen; wenn dieses aber dem jeweiligen Betriebszustande angepaßt sein soll, so hat das den Nachteil, daß die Bürsten verschiebbar sein müssen.

Nr. 167 305 (10. VI. 1904); Zus. zu 163 295, Sechs-
bürstenschaltung (Abb. 64).

≫Um Wicklung und Kommutator besser auszunutzen, ist [+ L] es bei hoher Stromstärke günstig, die Bürstenzahl zu verdoppeln≪. Also wird das Gegenteil von dem erreicht, was zu Anfang hinsichtlich der Bürstenzahl beabsichtigt war. ≫Es werden zwei unabhängige Bürstengruppen gebildet, für die die Stromverteilung dieselbe bleibt; die Bürsten brauchen aber nicht gleichmäßig verteilt zu sein[1].≪ Es ist zu bezweifeln, daß die Auflagefläche aller Bürsten kleiner wird, als bei der normalen Vierbürstenschaltung, wie die Patentschrift behauptet. Aber hinsicht-

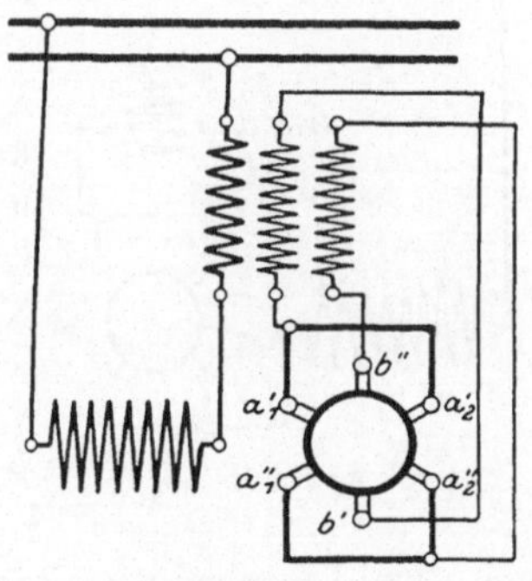

Abb. 64.

---

[1] Anm. Es kann auch ein System von fünf Bürsten benutzt werden, indem der Dreibürstenschaltung ein zweites Paar Kurzschlußbürsten in einer zur X-Achse parallelen und zu dem ersten K.-B.-Paar symmetrischen Sehne hinzugefügt wird.

[SW] lich der Stromwendung hat die Anordnung wohl denselben Vorteil wie die Déri-Schaltung beim Ind.R.Motor und wie ähnliche Einrichtungen der A. E.-G.

D.R.P. Nr. 155 900 und 212 245 (Richter, ETZ. 1906, S. 137)

[vgl. Latour Nr. 154 174 (3. V. 1903) „durch mehrere Kurzschluß-bürstenpaare werden die örtlichen Störungen über den Läuferumfang verteilt"].
daß nämlich die Arbeitsbürsten geteilt sowie aus dem stärksten Felde herausgerückt sind, und daß die gleichnamigen Arbeits bürsten nur magnetisch miteinander verbunden sind.

Nr. 165 053 (25. V. 1904) Arnold & la Cour, Regelbare Zusatzwicklung in der Y-Achse.

Osnos nimmt ETZ. 1907 S. 339 die selbständige Erfindung der Zusatzwicklung auch für sich in Anspruch.

Im Hinblick auf den Ind.R.Motor wird gesagt, daß man durch Änderung der Strom-Durchflutung der Zusatzwicklung (Abb. 65) [sei es durch Änderung der Windungszahl oder nach einer weiteren Figur durch Änderung des Stromes mittels Nebenschlußwiderstandes] dieselbe Wirkung wie durch Bürstenverschiebung hervorbringen kann. Danach können solche Motoren leicht angelassen und geregelt werden. Obwohl auch eine Schaltung für den N.K.Motor (vgl. S. 109) angegeben wird, ist der Unterschied in der Wirkung der Zusatzwicklung bei Reihenschluß- und Nebenschlußmotoren hier weder hervorgehoben noch

[< v]

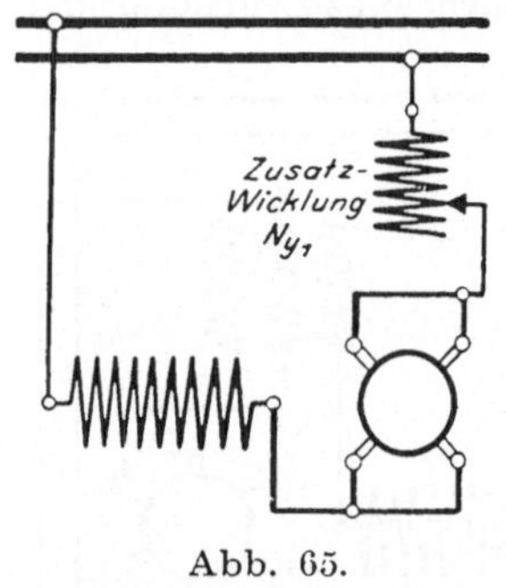

Abb. 65.

auch wohl erkannt. Beim Reihenschlußmotor verstärkt gleichsinnige Zuschaltung von Y-Windungen auf dem Ständer den Induktionsfluß der Läufererregerwicklung. Auf diese Weise kann allerdings der Anlaufstrom verringert werden; dabei wird aber noch die schädliche Wirkung eines starken Induktionsflusses beim Anlauf ganz übersehen.

Nr. 165 054 (12. VII. 1904) Arnold & la Cour.

Zur bequemen Regelung der Zusatzwicklung dient ein Induktionsregler (Reihentransformator mit einer festen und einer drehbaren Wicklung.) Im übrigen ist sogar der Reihenerregertransformator des W.E.L.Motors vorhanden.

Nr. 165 055 (12. VII. 1904) Arnold & la Cour.

Danach werden die großen Abstufungen der Drehzahl durch Änderung der Windungszahl der Zusatzwicklung bewirkt, da der teure Induktionsregler so klein als möglich sein muß und daher nur zur Regelung der Drehzahl innerhalb enger Grenzen benutzt werden darf. Sehr beachtenswert ist bei den beiden letzteren Patenten, daß die Zusatzwicklung nicht mehr vom Hauptstrom durchflossen wird, der sonst immer beim Schalten unterbrochen würde.

Nr. 199 077 (12. XII. 1907); Zus. zu 165 053.

Das Verhältnis der Läufer-AW in der Y-Achse zu den AW der Zusatzwicklung, die nur grob unterteilt zu sein braucht, kann bei der Dreibürstenschaltung (Abb. 63) (vgl. Nr. 168 496) durch Verschiebung der beiden Kurzschlußbürsten verändert werden. — Abgesehen davon, daß die Einrichtung für Bürstenverschiebung die Einfachheit im Aufbau verringert, gestattet der erstrebte Zweck nicht mehr, die für die Verhältnisse in der Arbeitsachse günstigste Bürstenstellung beizubehalten.

Nr. 166 996 (16. VII. 1904) A.E.-G., Zwei in Reihe geschaltete Transformatoren beim W.E.L.Motor (Abb. 66).

Die Ständerarbeitsspannung P_{x_1} und die Erregerspannung P_{y_2} können gleichzeitig durch zwei in Reihe geschaltete Transformatoren geregelt werden, anstatt daß die Gesamtspannung P und außerdem P_{y_2} geändert wird. Da sich die Gesamtspannung auf beide Transformatoren verteilt, so wird eine Verringerung von deren Gesamtgewicht erwartet. Weil sich aber die Verteilung der Gesamtspannung auf beide Wick-

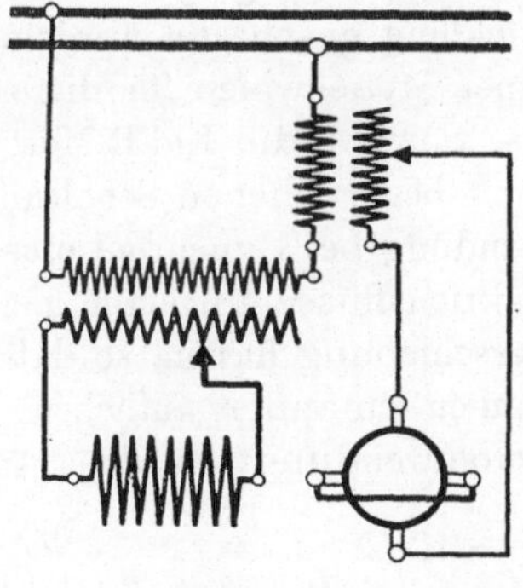

[A]

Abb. 66.

lungen vom Stillstand, wo die Erregerwicklung den größeren
Teil aufnimmt, bis zur Synchrongeschwindigkeit vollkommen
umkehrt, so müssen beide Transformatoren nicht nur für den
Vollaststrom, sondern auch für einen großen Teil der Motorspannung bemessen werden.

Nach einer weiteren Abbildung kann der Arbeitstrans-
formator abschaltbar gemacht werden.

Nr. 179 550 (26. IX. 1905) A. E.-G., Regelung des Induktionsflusses Φ_y.

Indem die Vorteile der Zusatzwicklung von Arnold & la
Cour (165 053) — günstige Verteilung der MMK, wirksame
Regelung durch Umschaltung — anerkannt werden, wird darauf
hingewiesen, daß es die Absicht jener Erfinder ist, beim Anlauf
ein starkes Magnetfeld zu erzielen.

Im Gegensatz dazu soll nun die Zusatzwicklung im Anlauf
gegen die Läufererregerwicklung geschaltet werden.

≫Schwaches Magnetfeld im Anlauf≪ dieser Grundsatz
wird hier zum ersten Male betont. Die Gegen EMKK werden
entsprechend kleiner, so daß ein starker Strom fließt und daher
trotz des geringen Induktionsflusses Φ_y ein großes Anlaufdreh-
[SW] moment entsteht. Bei diesem Verfahren werden aber die Kurzschlußströme unter den Arbeitsbürsten und die Funkenbildung vermindert, deren Ursache die von Φ_y erzeugte Trans
formator-EMK E_a' ist. Für den Dauerbetrieb soll die Zusatzwicklung, die z. B. durch einen Transformator mit veränderlicher
Windungszahl gespeist werden kann, gleichsinnig mit der Läuferwicklung geschaltet werden. Es wird ein Schaltungsschema mit
einer Steuerwalze für diese Umschaltung angegeben.

Sowohl die Ind.R.Motoren als die R.K.Motoren in den bis
jetzt besprochenen Schaltungen arbeiten hinsichtlich der Stromwendung bei Synchronismus am besten, weil dann die beiden Induktionsflüsse ungefähr gleich groß sind und etwa 90^0 Phasenverschiebung haben, so daß die EMKK in den kurzgeschlossenen
Spulen einander aufheben. Bei höheren Drehzahlen wird die
[SW] Stromwendung an den Arbeitsbürsten rasch ungünstig, weil

$$\Phi_x \sim v \cdot \Phi_y \text{ ist.}$$

Dies entspricht guter Stromwendung an etwa vorhandenen

Erregerbürsten, während für vollkommene Stromwendung an den
Arbeitsbürsten

$$\Phi_x = \frac{1}{v} \cdot \Phi_y$$

sein müßte.

Überdies ist zu befürchten, daß durch das starke Anwachsen
des Transformatorflusses die Verluste im Eisen zu groß werden.
Während es bei den Ind.R.Motoren ziemlich schwierig erscheint,
dem Übelstande abzuhelfen, weil es ihr Wesen ausmacht, daß die
Verteilung und Umsetzung der induktiv dem Läufer zugeführten
Energie sich durchaus unabhängig vollzieht, werden bei den R.K.
Motoren von Jahre 1905 ab von verschiedenen Seiten Versuche gemacht, Φ_x von außen zu beeinflussen. Dies ist allerdings nur möglich, wenn die Einfachheit der Schaltung geopfert und der Kurzschluß der Läuferwicklung in der Arbeitsachse aufgehoben wird;
denn eben der Umstand, daß die Spannung an der Läuferarbeitswicklung gleich Null ist, bedingt (S. 36) die starre Abhängigkeit
der drei Größen Φ_x, Φ_y und v voneinander. Bringt man eine regelbare Größe in den Läuferarbeitskreis, so beherrscht man die Beziehung zwischen jenen drei Größen. Das kann auf zwei nahezu
identischen Wegen geschehen.

Entweder man legt einen Teil der Netzspannung an die Arbeitsbürsten und erhöht so konduktiv die zugeführte Leistung
und die Geschwindigkeit, ohne daß die induktive Leistungszufuhr
und damit der Induktionsfluß Φ_x gesteigert werden müßte; oder
man erhöht die induktive Leistungszufuhr, indem man die von
Φ_x durchsetzte Windungszahl der Läuferarbeitswicklung erhöht, wobei wieder Φ_x nicht zu wachsen braucht.

Punga: Punga hat zuerst die Aufgabe für den Atkinson-
R.K.Motor (Abb. 24) gelöst und dabei das letztere Verfahren vorgezogen. Er erörtert dieses genauer ETZ. 1906. S. 267.

Latour· Dasselbe Thema behandelt Latour ETZ. 1906,
S. 89 (s. auch Fynn, S. 354).

(+) Nr. 186 797 (7. III. 1905) Punga.

Die Anordnung ist am deutlichsten aus Abb. 67 zu erkennen,
während Punga die Sparschaltung in der Art, wie sie bei gewöhnlichen Transformatoren benutzt wird, anwenden will. (Abb. 68).

Zugleich soll zur Verbesserung des Leistungsfaktors eine Hilfsspannung $P_{x_2} = -P_{y_h}$ in den Läuferarbeitskreis eingeschaltet
werden.   Dieselbe Schaltung gibt auch Latour an.

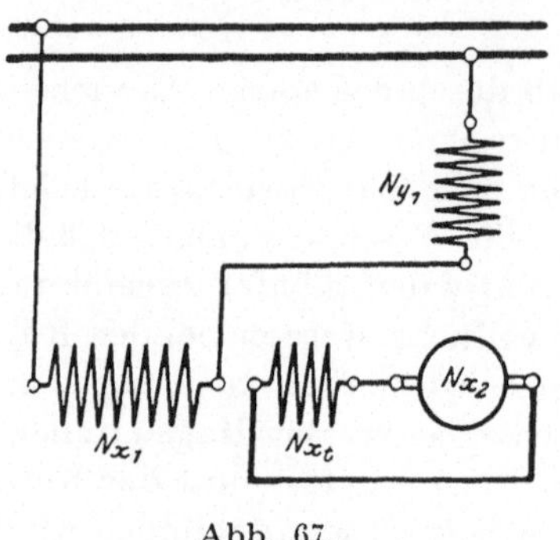

Abb. 67.

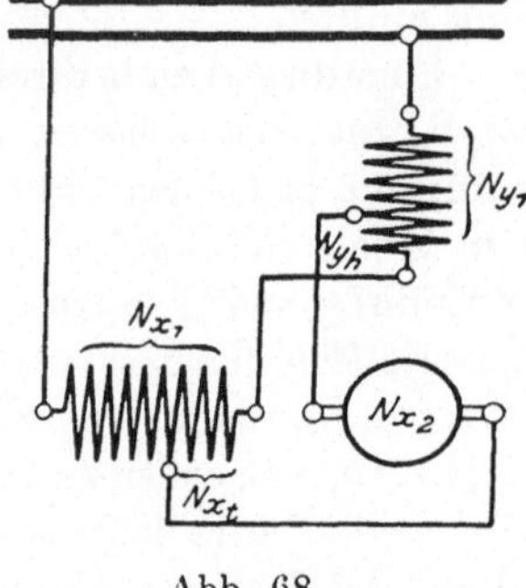

Abb. 68.

Die Wirkung erklärt sich so, daß die Transformator-
EMK E'_{x_2} um den Betrag E_{x_t} vermehrt wird (Abb. 69).   Es sei
angenommen, daß das Nutzdrehmoment

$$D_1 = c \cdot \Phi_y \cdot (N_{x_2} J_{x_2}) \cos \varrho_1$$

konstant bleibe.

Es ist

$$J_{x_1} \cdot N_{x_1} \sim J_{x_2} (N_{x_2} + N_t)$$

und

$$\Phi_y = c \cdot N_{y_1} \cdot J_{x_1}$$

$$\sim c \cdot N_{y_1} \cdot \frac{N_{x_2} + N_{x_t}}{N_{x_1}} \cdot J_{x_2}$$

$$D_1 \sim c \cdot N_{y_1} \cdot N_{x_2} \cdot \frac{N_{x_2} + N_{x_t}}{N_{x_1}} \cdot J_{x_2}^2 \, .$$

Demzufolge muß der Strom J_{x_2} abnehmen, wenn das Drehmoment konstant bleiben soll, und die Geschwindigkeit steigt
daher so lange, bis die Zunahme der Rotations-EMK E''_{x_2} das
Gleichgewicht wieder hergestellt hat. Zugleich nimmt entsprechend
der erhöhten Leistungsaufnahme der Ständerarbeitsstrom J_{x_1} zu.
Die Beziehung zwischen den Induktionsflüssen und der Ge-

schwindigkeit ist aus dem Vieleck der EMKK (Abb. 69) zu
entnehmen.

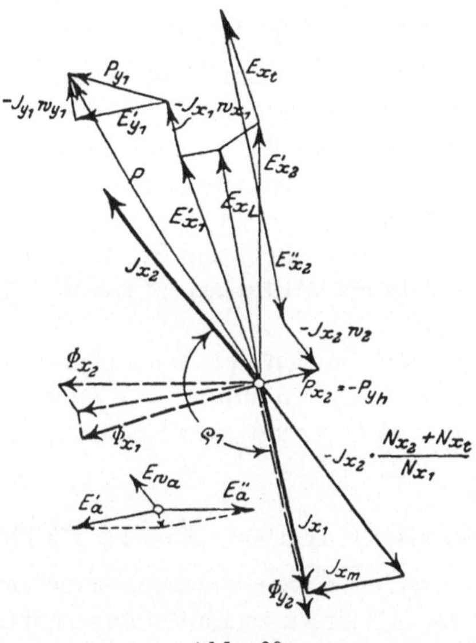

Abb. 69.

Angenähert ist

$$E'_{x_2} + E_{x_t} = E''_{x_3}$$

$$\Phi_x \cdot N_{x_2} + \Phi_x \cdot N_t = v \cdot \Phi_y \cdot N_{x_3}$$

$$\Phi_x \cdot \frac{N_{x_2} + N_{x_t}}{N_{x_2}} = v \cdot \Phi_y \,.$$

Damit die beiden EMKK in den kurzgeschlossenen Spulen
$E_a{}'$ und E_a'' einander aufheben, muß

$$\Phi_y \sim v \cdot \Phi_x$$

sein. Aus beiden Gleichungen folgt als Bedingung für vollkommene [S W]
Stromwendung

$$\frac{N_{x_2} + N_{x_t}}{N_{x_2}} = v^2$$

$$\frac{N_{x_t}}{N_{x_2}} = v^2 - 1 \,.$$

In vollem Maße kann diese Bedingung nur für einen geringen Geschwindigkeitsbereich erfüllt werden, da schon für $v = \sqrt{2}$

$$N_{x_1} = N_{x_2}$$

werden müßte. Überdies sind der Vergrößerung von Φ_y an Stelle von Φ_x ebenfalls Grenzen gesetzt durch die Sättigung und die Verluste in Eisen. — Über die praktische Anwendung der Erfindung ist bis jetzt nichts bekannt geworden.

Ganz neuerdings ist der Atkinson-R.K.Motor von den Bergmann-E.W. für die Straßenbahn St. Avold verwendet worden (ETZ. 1911, S. 11), die mit Wechselstrom von 50 Perioden betrieben wird.

Der Gedanke, daß ein Teil der Arbeitsspannung am Ständer, ein Teil am Läufer auftreten kann, war schon in dem Patent Nr. 153 730 der A. E.-G. grundlegend gewesen.

In einem

Nr. 186 463 (10. II. 1906) Zus. zu **153 730 A. E.-G.**,

einem offenbar zuerst zurückgezogenen, später wieder eingebrachten Patent, wird daher auch für Kurzschlußmotoren mit Läufererregung dieser Gedanke ausgenutzt zu dem von Punga und Latour verfolgten Zweck, den Induktionsfluß Φ_x zu regeln, um die Stromwendung je nach der Geschwindigkeit günstig zu gestalten (Abb. 70).

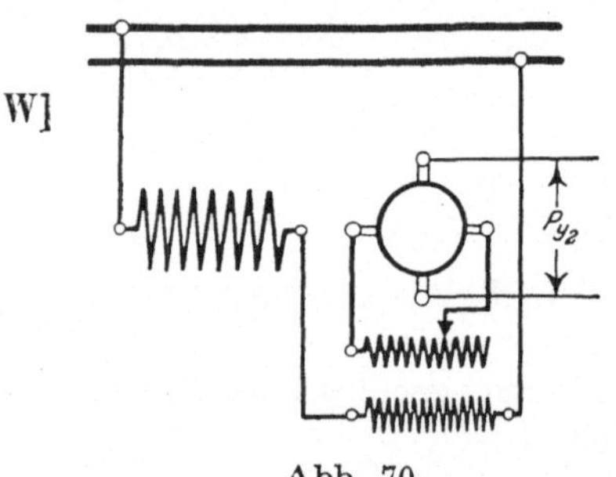

Abb. 70.

Da aber ein Reihentransformator hierzu verwendet werden soll, so sind die beiden Arbeitsstromkreise an zwei verschiedenen Stellen magnetisch gekoppelt. Weil überall dieselben Ströme von bestimmter gegenseitiger Phasenverschiebung fließen, so ist ein wirksames Zusammenarbeiten nur denkbar, wenn beide Transformatorsysteme dasselbe Verhältnis der wirksamen Windungszahlen besitzen und die gleichen magnetisierenden AW erfordern. Eine Verschiedenheit, besonders im Übersetzungsverhältnis, wie sie zur Regelung doch gerade beabsichtigt wird, kann sich nur durch magnetische Streuung zwischen den beiden Stromkreisen ausgleichen. Daher hat die Schaltung keine praktische Bedeutung; doch bietet sie theoretisch Interesse, weil sie, Reihenschlußerregung vorausgesetzt, einen Übergang vom Reihenschluß-Motor zum R.K.Motor darstellt. Der erstere Motor ist vorhanden, wenn die genannten Voraussetzungen für wirksames Arbeiten erfüllt sind, der letztere, wenn die Sekundärwicklung des Reihentransformators ausgeschaltet, die Läuferwicklung kurzgeschlossen ist und somit die Primärwicklung des Transformators nur noch als Drosselspule wirkt, was sie auch über den größtenTeil des vorgesehenen Regelungsbereiches hauptsächlich sein würde.

Um den Leistungsfaktor zu verbessern, wird das im [φ] Grunde gleiche Mittel wie von Punga und Latour für den Atkinson-R.K.Motor auch in

Nr. 198 695 (26. IX. 1906) F. G. L. (Abb. 71)

angewendet. ≫Es empfiehlt sich aber nicht, die Bürsten an die mit der Ständerarbeitswicklung in Reihe geschaltete Erregerwicklung anzuschließen, die man sonst stärker bemessen müßte, da die Läuferwicklung im allgemeinen stärkeren Strom führt als die Ständerarbeitswicklung. Auch kann nur eine völlig getrennte Hilfswicklung N_{y_h} für beliebig feinstufige Regelung gebaut werden.≪ Wenn das Verfahren überhaupt lohnend wäre, so würde wegen der Ersparnis an Raum und Kosten gerade dann die Vereirigung beider Y-Wicklungen besonders vorteilhaft sein, wenn die getrennte Hilfswicklung für sehr hohe Stromstärken bemessen werden müßte.

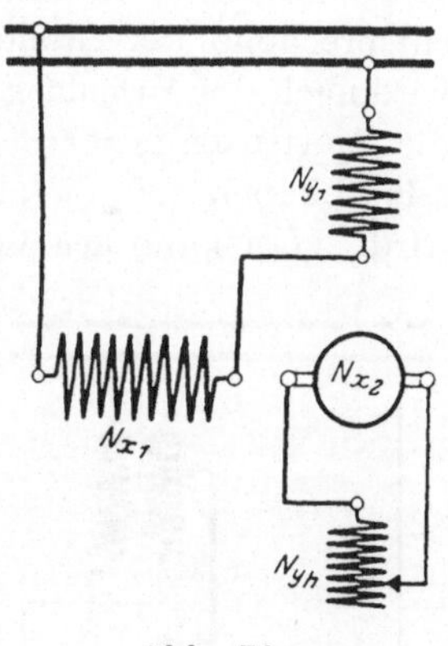

Abb. 71.

Einen ähnlichen Erfindungsgedanken wie Nr. 186 463 der A. E.-G. enthält ein weiteres Patent

Nr. 200 884 (6. VIII. 1907) F. G. L.

In dieser Patentschrift wird es zunächst als neu und merkwürdig bezeichnet, daß durch die Kurzschlußverbindung k (Abb. 72) der Läufer nicht stromlos wird.

Tatsächlich wird dadurch nur der Kond.R.Motor mit Gegenwicklung in den Atkinson-R.K.Motor verwandelt, und in der Kurzschlußverbindung fließt die geometrische Differenz der beiden

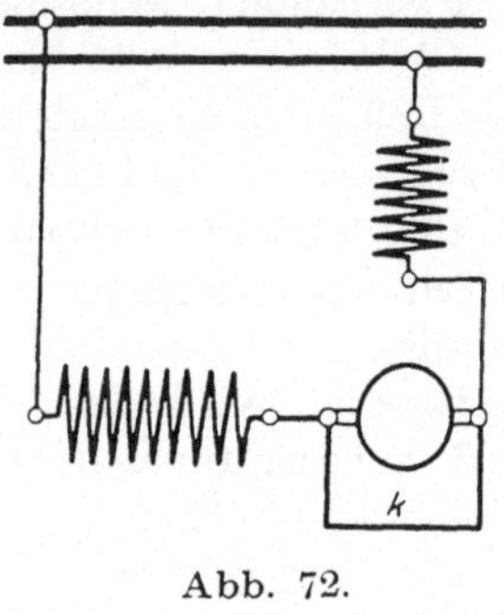

Abb. 72.

Arbeitsströme, die, gleiche wirksame Windungszahlen der beiden Arbeitswicklungen vorausgesetzt, gleich der magnetisierenden Stromkomponente ist. In diese Verbindung soll nun ein gegebenenfalls regelbarer induktiver Widerstand — weil ein Ohmscher Widerstand zu große Verluste verursacht — eingeschaltet werden. Das kommt aber auf die Schaltung (Abb. 42) zur Erzeugung eines X-Induktionsflusses beim Reihenschlußmotor hinaus.

Neu erscheint folgendes:

≫Der Zweck ist nicht die Verbesserung der Stromwendung; denn um das zu erreichen, muß man den induktiven Widerstand entsprechend der Geschwindigkeit ändern. Im Gegensatz dazu wird nach der Erfindung der Widerstand nicht geändert, so lange die Spannungsverteilung zwischen Ständer und Läufer dieselbe bleiben soll, die als Hauptvorteil der Schaltung angesehen [A] wird. Man kann den Motor an eine wesentlich höhere Spannung legen, als für den Läufer eines gewöhnlichen Reihenschlußmotors zulässig ist.

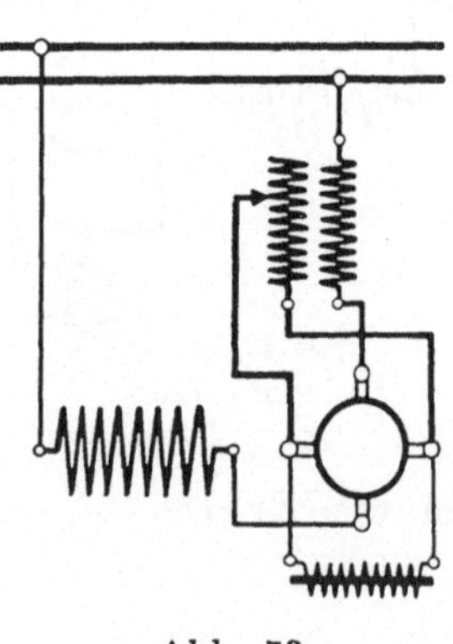

Abb. 73.

Die Erfindung wird in der Anwendung auf sämtliche Kurzschlußmotoren gezeigt: den W.E.L.Motor, den Eichbergschen Doppelschluß-Kurzschluß-Motor, den N.K.Motor — im letzteren Falle zur Regelung der Geschwindigkeit. ≪ Daß diese wirtschaftlich und in weiten Grenzen möglich ist, kann als ausgeschlossen gelten, da von der Größe von Φ_x der das wirksame Drehmoment erzeugende Induktionsfluß Φ_y abhängt.

Dagegen kann die Anwendung auf den Motor nach 186 463 (Abb. 70) den praktischen Erfolg haben, daß der Ausgleich der

Ströme, soweit er nicht durch den Reihentransformator erfolgen kann, über den induktiven Widerstand möglich ist.

Unerwünscht bleibt die Anwendung eines Arbeits-Reihentransformators, der in der beab..ichtigten Schaltung (Abb. 73) erst ermöglicht, die Windungszahlen von Ständer und Läufer wie beim R.K.Motor verschieden zu machen, auf jeder Fall, wenn er auch nicht die ganze Leistung zu übertragen hat. Teilweise kann die Energie induktiv durch den Luftspalt dem Läufer zugeführt werden, da die Verbindung der Arbeitsbürsten das Entstehen eines Induktionsflusses gestattet.

> **Nr. 221 379** (Anm. Ver. Staaten von Am. 1. V. 1907; D.R.P. 28. IV. 1908) **A. E.-G.,** Atkinson-R.K.Motor mit Sehnenwicklung auf dem Läufer.

In diesem Patent wird schon ein wesentlicher Bestandteil des Alexanderson-Motors geschützt, der unter den Anlaßschaltungen (5) behandelt wird.

≫Die Erfindung bezweckt, den Leistungsfaktor und die Stromwendung von Repulsionsmotoren zu verbessern.≪ $[\varphi_k, SW]$

Die irrige Auffassung über das Wesen des Atkinson-Motors (vgl. Bem. S. 51), aber wohl auch die Anmeldung in Amerika, bringen es mit sich, daß der Motor in jeder Beziehung nur mit dem Einfachbürsten-Ind.R.Motor (Thomson) verglichen wird, mit dem er eigentlich nicht mehr gemein hat, als mit den anderen Induktionsmotoren. Daher kann dieser Vergleich jetzt nur noch zur Charakterisierung der Eigenschaften zweier verschiedener Motorenarten dienen. Die Teilung der Ständerwicklung hat den Vorteil, daß der Motor durch Umkehrung der Stromrichtung in einer Wicklung umgesteuert und mit Gleichstrom als Reihenschlußmotor betrieben werden kann, was ja besonders für amerikanische Betriebsverhältnisse wichtig ist.

≫Die Anwendung einer Sehnenwicklung kommt hinsichtlich der Wirkung auf dasselbe hinaus, wie die Benutzung mehrerer Kurzschlußbürstensätze[1]) [vgl. Arnold & la Cour, Nr. 163 295, S. 86], wodurch ein Teil der Läuferwicklung für die Arbeitsströme ganz ausgeschaltet wird. Der Wicklungsschritt wird gleich dem Bogen gewählt, den die Ständerarbeitswicklung bedeckt. (Abb. 74). Dann heben die Wirkungen der Ströme in den

---

[1]) Siehe auch Latour, S. 88.

einzelnen Spulen einander auf dem Teil des Umfanges auf, den
die Erregerwicklung bedeckt.≪

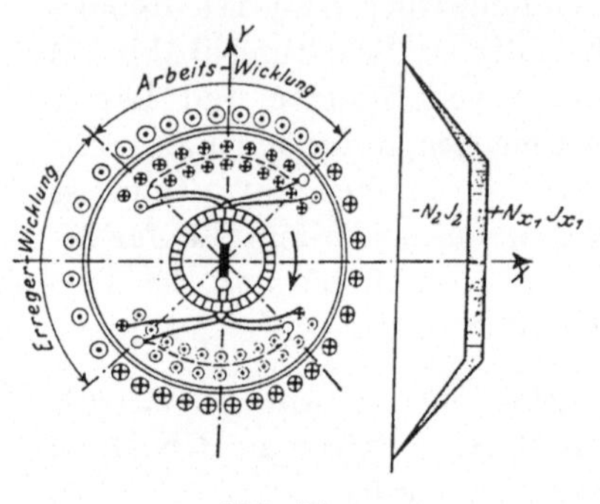

Abb. 74.

Im Gegensatz zur Ver-
wendung mehrerer Kurz-
schlußbürstensätze wird
aber die ganze Läuferwicklung, und ein Teil völlig
nutzlos, vom Arbeitsstrom
durchflossen, so daß die
Stromwärme dieselbe
bleibt, wie bei einer Durch-
messerwicklung.

In Wirklichkeit wird
aber wohl kaum die Hälfte,
sondern höchstens ein
Drittel der Polteilung für die Erregerwicklung, die übrigen
zwei Drittel für die Arbeitswicklung verwendet, so daß die
Ausnutzung besser ist. — Jedenfalls sind die von den beiden
Arbeitswicklungen erzeugten MMKK räumlich ganz gleichmäßig
verteilt, z. B. in dem Augenblick, wo die Zeitlinie mit dem Vektor
J_{x_1} zusammenfällt, entsprechend Abb. 74, so daß die magnetisierenden AW über die ganze Polteilung dieselbe Richtung haben.
Beim Thomson-Motor dagegen, wie überhaupt bei Durchmesser-
wicklungen kann das nach einer spitzen Kurve verlaufende Maximum der Läufer-AW nicht von den trapezförmig verteilten Ständer-
AW aufgehoben werden und verschlechtert erstens durch Feldverzerrung den Leistungsfaktor und zweitens die Stromwendung
aus zweifachem Grunde. Die kurzgeschlossenen Windungen be-
finden sich an der Stelle jenes Maximums der Läufer-AW, wo der
Streufluß, der in Phase mit dem Läuferstrom angenommen
werden kann, gerade eine EMK der Rotation hervorbringt, die
in Phase mit der Wende-EMK ist, wie bei dem gewöhnlichen
Gleichstrommotor, und sie rotieren ferner im Maximum des
Induktionsflusses Φ_x. Daher wird bei übersynchroner Geschwindig·
keit die Stromwendung rasch unzulässig schlecht.

Durch die neue Anordnung ist der erste Übelstand völlig,
der zweite insofern behoben, als die kurzgeschlossenen Spulen
aus dem Maximum von Φ_x entfernt sind; das ist allerdings in
nennenswertem Maße nur der Fall, wenn der Wicklungsschritt

wesentlich kleiner als die Polteilung ist. Wichtig ist aber wohl auch, daß die Spulen, die unter den Bürsten ungleicher Polarität kurzgeschlossen werden, voneinander entfernt sind, so daß die gegenseitige Induktion wegfällt.

Die Bestrebungen, den R.K.Motor für übersynchronen Betrieb brauchbar zu machen, waren bisher nur auf den Motor mit Ständererregung gerichtet; sie finden ihren Abschluß durch

$$\text{D.R.P. Nr. 212245 (7. IV. 1908) A. E.-G. Zus. zu 153730.}$$

wo für den W.E.L.Motor dasselbe Mittel vorgeschlagen wird, das Punga und Latour für den Atkinson-Motor benutzt haben. [S W] Die hier bedeutend schwerer zu übersehende Wirkung wird zunächst theoretisch vollkommen klargestellt.

Zur Vereinfachung wird vorausgesetzt, daß

$$\text{Vektor } \Phi_{x_2} \perp \Phi_{y_2}$$

und

$$\Phi_{x_2} = v \cdot \Phi_{y_2}$$

ist. Ferner wird der Widerstand und die Wende-EMK E_w vernachlässigt. Deshalb können die EMKK $E_a{}'$ und $E_a{}''$ sowie $E_b{}'$ und $E_b{}''$, da sie entgegengesetzt gerichtet sind, (vgl. S. 14), einfach subtrahiert werden.

Nach S. 23 sind die EMKK in einer Windung unter den Arbeitsbürsten

$$E_a' = 2\,\pi\,v \cdot \Phi_y \cdot 10^{-8} \text{ Volt}$$

$$E_a'' = v \cdot 2\,\pi\,v\,\Phi_x \cdot 10^{-8} \text{ Volt}$$

$$= v^2 \cdot 2\,\pi\,v \cdot \Phi_y \cdot 10^{-8},$$

folglich ist die resultierende EMK

$$E_{a\,res} = (v^2 - 1) \cdot 2\,\pi\,v \cdot \Phi_y \cdot 10^{-8}$$

In einer Windung unter den Erregerbürsten werden induziert

$$E_b' = 2\,\pi\,v \cdot \Phi_x \cdot 10^{-8}$$

$$= v \cdot 2\,\pi\,v \cdot \Phi_y \cdot 10^{-8}$$

$$E_b'' = v \cdot 2\,\pi\,v \cdot \Phi_y \cdot 10^{-8}$$

Unter den genannten Annahmen ist daher die resultierende EMK $E_{b_{res}}$ unter den Erregerbürsten bei jeder Geschwindigkeit gleich Null. Die EMK $E_{a_{res}}$, die an den Arbeitsbürsten Funkenbildung verursacht, kann vermindert werden, wenn man Φ_x entsprechend ändert. Dann wird allerdings das Gleichgewicht der EMKK unter den Erregerbürsten gestört, trotzdem kann darin ein wesentlicher Gewinn liegen. Wird bei irgend einer Geschwindigkeit, z. B. $v = \sqrt{2}$, $\Phi_x = \Phi_y$ gemacht, so ändern sich die beiden von Φ_x induzierten EMKK in gleichem Maße, und es wird

$$E_{a_{res}} = (v - 1) \cdot 2\,\pi\,v \cdot \Phi_y \cdot 10^{-8}$$

$$E_{b_{res}} = (v - 1) \cdot 2\,\pi\,v \cdot \Phi_y \cdot 10^{-8}$$

$$E_{a_{res}} = E_{b_{res}} = 0{,}414 \cdot 2\,\pi\,v \cdot \Phi_y \cdot 10^{-8}.$$

Die EMK an den Arbeitsbürsten hat sich also im Verhältnis 10 : 4 vermindert, gleichzeitig hat die EMK an den Erregerbürsten denselben Wert angenommen; dabei kann die Stromwendung an beiden Bürstensätzen befriedigend sein.

≫Um den Induktionsfluß in der Arbeitsachse zu ändern, schließt man, wie im Hauptpatent, die Arbeitsbürsten an die Sekundärwicklung eines Transformators an, dessen Primärwicklung prarallel zur Ständerarbeitswicklung liegt.≪ Diese Schaltung ist freilich im Hauptpatent noch nicht klar erkennbar, gedacht ist jedenfalls an Abb. 57. Anders als beim Atkinson-R.K.Motor beeinflußt aber beim W.E.L.Motor Φ_x auch die Erregerwicklung auf dem Läufer. Aus Abb. 22 und 23 ist zu ersehen, daß die Verstärkung von Φ_x (bei untersynchroner Geschwindigkeit) die EMK der Rotation E''_{y_2} vergrößert und damit die Erregerspannung P_{y_2} verringert, während gleichzeitig $E_{x_1}{'}$ und die Ständerarbeitsspannung P_{x_1} steigen muß. Bei übersynchroner Geschwindigkeit soll Φ_x verringert werden, wodurch mit E''_{y_2} wiederum die Erregerspannung P_{y_2} kleiner wird, diesmal aber zugleich mit P_{x_1}. Ist es im ersten Falle weder allgemein zu sagen, ob die Vergrößerung von P_{x_1} die Verringerung von P_{y_2} ausgleicht, noch, ob das Drehmoment beeinflußt wird, so ist im zweiten wichtigeren Falle die Einwirkung auf Strom und Drehmoment sicher; denn wird die Klemmenspannung nicht geändert, so muß die Geschwindigkeit steigen, bis die Gegen-EMKK die der Stromaufnahme bei dem erforderlichen Drehmoment entsprechende Größe erreicht haben. Daher wird ganz richtig ausgeführt, daß nur durch

gleichzeitige Änderung der Klemmenspannung die gewünschte Geschwindigkeit wieder eingestellt werden kann.

Von Interesse ist noch eine Schaltung, die mit dem hier angestrebten Zweck den des Patentes Nr. 155 900 (1. VII. 1903) der A. E. G. vereinigt: Je zwei Arbeitsbürsten gleicher Polarität nur unter Vermittlung eines Transformators parallel zu schalten

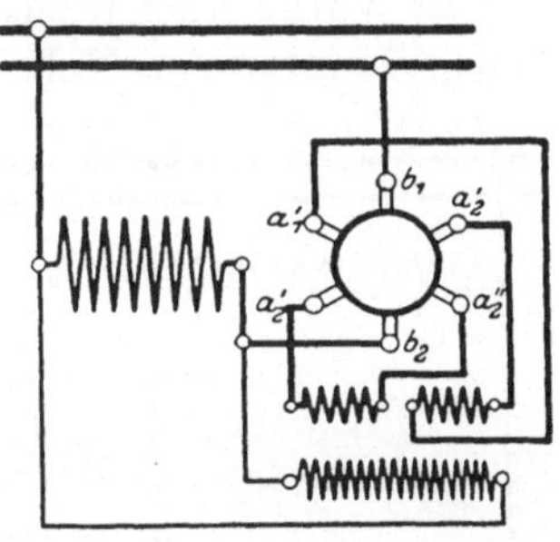

Abb. 75.

(Abb. 75) (vgl. Arnold & la Cour, S. 87). Es ist nach einer weiteren Figur auch dabei möglich, die Arbeitsbürsten zur Zuführung des Erregerstromes zu benutzen, indem man als Anschlüsse an den Hauptstromkreis die Mitten der beiden Sekundärwicklungen jenes Transformators benutzt.

Achtes Kapitel.

Nebenschluß-Kurzschluß-Motoren (3).

Es hat länger als bei den Reihenschlußmotoren gedauert, bis das Wesen des N.K.Motors in weiteren Kreisen erkannt wurde; daraus erklärt es sich, daß in Deutschland erst verhältnismäßig spät damit begonnen wurde — zum Teil noch unter falschen Voraussetzungen —, die ursprünglich von Atkinson gegebene Form des Motors zu verbessern.

Die erste in Deutschland patentierte Schaltung eines reinen N.K.Motors

Nr. 181 286 (19. VI. 1903) A. E.-G. (Abb. 76);

Zus. zu 175 377. (vgl. Eichberg: ETZ. 1904, S. 81).

wird auf die Schaltungen der älteren Patente zurückgeführt, bei denen aber im Gegensatz zu der Behauptung dieser Patentschrift,

vom Anschluß der Erregerwicklung in bestimmter Weise überhaupt noch nicht gesprochen wird.

Es wurde schon früher gezeigt, daß die Hilfsspannung an den
Erregerbürsten eines N. K. Motors, die ungefähr in Phase mit der

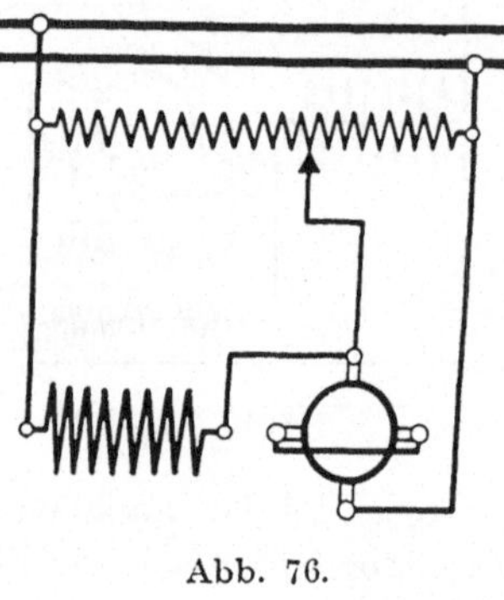

Abb. 76.

Netzspannung sein muß, nur klein
sein darf und nur zur Verbesserung
des Leistungsfaktors dienen kann,
während eine Vergrößerung über
das dazu erforderliche Maß hinaus,
eine wesentliche Verringerung
nicht der Geschwindigkeit, sondern
des Drehmomentes und damit
der Leistungsfähigkeit unter gleich-
zeitiger Erhöhung der Stromauf
nahme zur Folge hat; dies ist
auch durch Versuche bestätigt
worden.

Die Schaltung ist auch deswegen unbrauchbar, weil der Motor
bei keiner Stellung des verschiebbaren Anschlusses anlaufen kann;
denn beim Anlauf ist ein hinreichendes Drehmoment nur dadurch
zu erzielen, daß der Induktionsfluß vom Arbeitsstrom erregt wird,
da die beiden Induktionsflüsse und damit auch die Arbeits- und
Erregerspannung etwa 90° Phasenverschiebung haben müssen,
was auf andere Weise und auch in dieser Schaltung nicht zu er·
möglichen ist.

Fynn: Am frühesten hat sich V. A. Fynn mit den Entwicklungsmöglichkeiten des Atkinson-N. K. Motors beschäftigt; da er nach
seinen eigenen Aussagen in Deutschland nur teilweise den Patent·
schutz erhalten konnte, soll die Darstellung seiner Absichten
und Erfolge seinen wertvollen Abhandlungen folgen:

J.I.E.E. 1906, Vol. 36, p. 324 (Referat ETZ. 1906, S. 681);

J.I.E.E. 1908, Vol. 40, p. 181 (vgl. S. 66),

wobei die Patente an geeigneter Stelle eingefügt werden. Fynn
war am Anfang bestrebt, den Kommutator, dessen Unentbehrlich·
keit für den Anlauf er erkannt hatte, im Dauerbetrieb durch Schleif·
ringe zu entlasten. Der Nachteil dieses Verfahrens liegt darin,
daß die feststehenden und die umlaufenden Kurzschlüsse einander
teilweise entgegenarbeiten, sowie daß am Kommutator eine höhere
Spannung als an den Schleifringen auftritt. Außerdem kann nicht

mit Vorteil eine Hilfsspannung an die Kommutatorbürsten gelegt werden, da zu viel Strom durch die mit den Schleifringen umlaufenden Kurzschlüsse verloren geht. Mit zwei getrennten Wicklungen läßt sich der Wickelraum nicht ausnutzen, es wird daher nach

Nr. 158 909 (4. VIII. 1903) Fynn (Abb. 77)

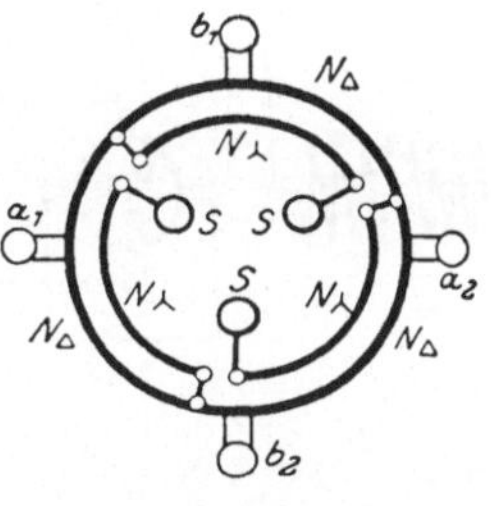

Abb. 77.

[A]

eine zusammengesetzte Wicklung angewendet. Die geschlossene Wicklung $N_\triangle$ tritt für den Kommutator allein in Wirksamkeit, während sie über die drei offenen Wicklungsteile N_λ an drei Schleifringe S angeschlossen ist, an denen also die Spannung $P_\triangle + P_\lambda \sqrt{3}$ auftritt.

So wird es möglich, daß Kommutator und Schleifringe wirklich zusammenarbeiten, und darin liegt ein Fortschritt gegenüber der Erfindung Schülers (Nr. 140 925, S. 70.), mit der sonst die ursprüngliche Absicht, den Motor als Einfachbürsten-Ind.R.Motor anzulassen, übereinstimmt, die in

Nr. 187 633 (4. VIII. 1903) Fynn

zum Ausdruck kommt dabei. Dabei sind aber schon die beiden $[\varphi_k]$ Verfahren zur Kompensierung (Abb. 11 und 15) angewendet, dem einen Bürstenpaar eine Hilfsspannung zuzuführen, die in einer um 90^0 gegen die betreffende Bürstenachse verstellten Ständerwicklung gewonnen wird. Fynn hat jedoch, von der Patentschrift abweichend, bald erkannt und in seiner ersten Abhandlung nachgewiesen, daß es für den Lauf als N.K.Motor sehr unvorteilhaft ist, wenn nicht die eine Bürstenachse mit der Achse der Ständerarbeitswicklung zusammenfällt.

In

Nr. 191 486 (16. IV. 1905) Fynn

wird daher vorgezogen, den Motor als R.K.Motor nach Atkinson anzulassen, wobei die Erregerwicklung auf dem Ständer allmählich ausgeschaltet wird und zugleich die zunächst offenen Erregerbürsten angeschlossen werden. Die endgültige Schaltung zeigt Abb. 78. Der Widerstand dient nur dazu, den Übergang von den Reihen- zur Nebenschlußschaltung zu vermitteln und ist im Betrieb kurzgeschlossen.

Durch genauere Erforschung der Vorgänge bei der Stromwendung ist es gelungen, bei Motoren bis 50 HP ohne die Schleifringe S auszukommen, die besonders bei kleinen Maschinen eine unerwünschte Komplikation bedeuten.

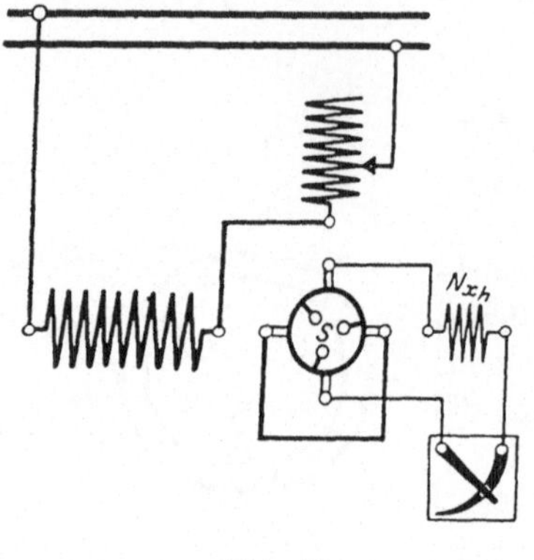

Abb. 78.

Von großer Bedeutung sind die von Fynn J.I.E.E. 1906 gegebenen Kurventafeln, in denen das Verhalten dreier Motoren von verschiedener Größe einmal bei Betrieb als asynchrone Induktionsmotoren, zweitens aber als kompensierte N.K.-Motoren dargestellt ist. Die Leistungsfähigkeit wird um 30 bis 40 % vermehrt, jedoch entschädigt dies und der hohe Leistungsfaktor, der stets auf die Einheit gebracht werden kann, nicht völlig für die erhöhten Verluste durch Stromwärme im Läufer.

Dies bestätigen auch die Versuchsergebnisse von Osnos: ETZ. 1907, S. 358.

Wenn man auf völlige Kompensierung verzichtet, so kann man den Wirkungsgrad etwas erhöhen. Die Leerlaufdrehzahl liegt im allgemeinen 2 bis 4 % über Synchronismus, die Schlüpfung beträgt bei größeren Motoren etwa halb so viel als bei asynchronem Betrieb, die Überlastungsfähigkeit ist bei geringer Erhöhung der Kompensationsspannung P_{x_h} beträchtlich.

In einer neueren Schaltung liegen beim Anlassen alle drei Ständerwicklungen mit der Läufererregerwicklung in Reihe, wodurch ein sehr hohes Anlaufdrehmoment erreicht werden kann. Fynn bestätigt also die schon bekannten Vorzüge des W.E.L.-Motors; auch er hält das Anlassen mit starkem Strom und schwachem Y-Induktionsfluß für das beste.

Durch die Arbeiten F y n n s wurde der kompensierte N. K. Motor erst praktisch verwendbar, jedoch nur in den Fällen, wo keine Einstellung der Drehzahl erforderlich ist.

Daß die Geschwindigkeit beim Einphasen-Induktions-Motor nicht durch Widerstände verändert werden kann, geht schon aus der eingangs nachgewiesenen Schädlichkeit des Ohmschen Widerstandes der Läuferwicklung für das Drehmoment hervor. Außerdem gewährt ja, wie schon von den Reihenschluß-Motoren her bekannt ist, der Stromwender ganz andere Möglichkeiten, die Geschwindig- [v] keit wirtschaftlich — durch Änderung der Induktionsflüsse — zu beeinflussen.

Creedy nennt T.A.I.E.E. 1909, Vol. 28, p. 831 drei voneinander verschiedene Verfahren, die Drehzahl des N. K. Motors zu verändern:

1. Von Punga stammt das Verfahren, an die Läuferarbeitswicklung eine bestimmte äußere Spannung zu legen, wie dies schon in Fig. 67 und 68 für den R. K. Motor dargestellt ist. Diese Schaltung wurde unabhängig auch von Perret, Fynn, Creedy und andern gefunden.

2. Creedy hat vorgeschlagen, die Erregerbürsten für übersynchrone Geschwindigkeiten an eine Drosselspule, für untersynchrone an einen Kondensator anzuschließen. Im ersteren Falle wird ein Teil der Generator-EMK E''_{y_2}, die dem Strom J_{y_2} voraneilt, durch die nacheilende Magnetisierungsspannung P_{dr} der Drosselspule aufgenommen (Abb. 79), so daß Φ_y und E'_{y_2} kleiner als sonst bleiben müssen und die Geschwindigkeit durch die Veränderung im Läuferarbeitskreise — E''_{x_2} muß wieder zunehmen — sich dementsprechend erhöht. Im zweiten Fall nimmt der Kondensator durch seine voreilende Spannung P_c einen Teil der nacheilenden EMK E'_{y_2} auf, so daß Φ_y größer als bei der synchronen Geschwindigkeit werden kann.

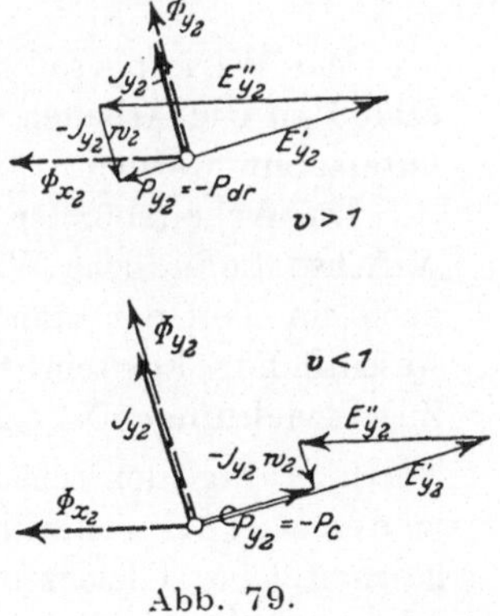

Abb. 79.

3. Die gleiche Wirkung hat das praktisch weit bessere Verfahren von Arnold & la Cour, wie beim R.K. Motor auch beim

N. K. Motor eine Y-Zusatzwicklung auf dem Ständer zur Regelung zu benutzen.

Diese Anwendung des Patentes 165 053 ist jedoch in praktischer Form von Arnold und Fränckel erst gemacht worden, als schon Punga dasselbe Verfahren, mit der zuvor von ihm angegebenen Regelung in der Arbeitsachse vereinigt, vorgeschlagen hatte.

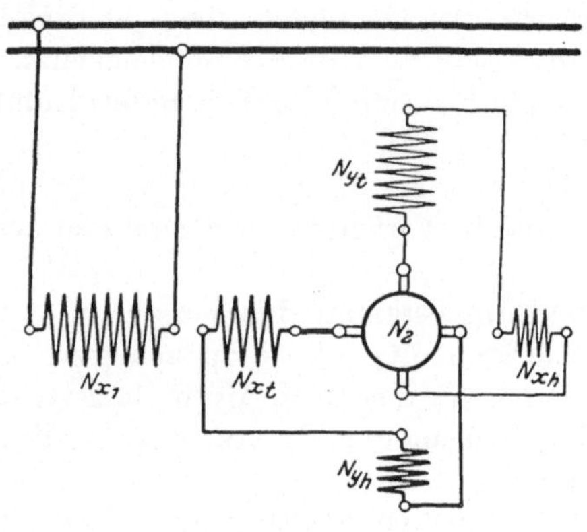

Abb. 80.

Nr. 194 888 (6. V. 1905) **Punga,** Regelbarer N. K. Motor (Abb. 80).

[$\mathbf{v}, \varphi_k, \mathbf{SW}$]

Die Wirkung soll hier zunächst beschrieben, später im Anschluß an die Arbeiten von Arnold und Fränckel ausführlicher untersucht werden.

Die Arbeitsbürsten werden an eine auf dem Ständer in der X-Achse befindliche Wicklung angeschlossen; statt deren kann auch ein Teil der Ständerarbeitswicklung benutzt werden. Ein wesentlicher Fortschritt ist es, zugleich beide Bürstensätze an Zusatzwicklungen N_{x_t}, N_{y_t} anzuschließen, wobei eine wesentliche Verringerung der schädlichen Funken-EMK eintritt, die sonst an den Bürsten entsteht, in deren Kreis keine Ständerwicklung geschaltet ist. Gleichzeitig können zur Verbesserung des Leistungsfaktors die von Fynn angegebenen Hilfswicklungen N_{x_h}, N_{y_h} benutzt werden, die um die halbe Polteilung gegen die anzuschließenden Bürsten versetzt sind. (Abb 80).

Letztere Schaltung wird in der Patentschrift in zahlreichen Figuren allmählich entwickelt. Wie bei F y n n wird die Y-Ständerwicklung N_{y_t} zum Anlassen des Motors als A t k i n s o n - R. K. Motor (Abb. 24) benutzt. Um übersynchrone Geschwindigkeiten zu

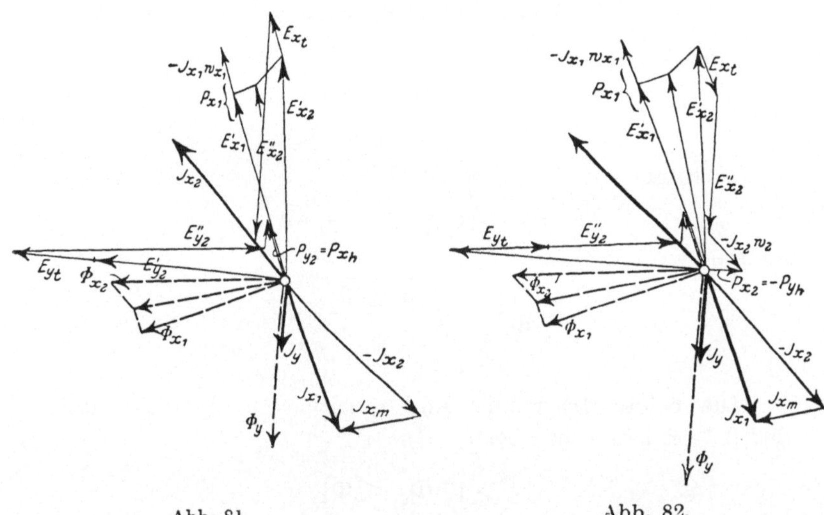

Abb. 81.   Abb. 82.

erzielen, wird jede Zusatzwicklung an die gleichachsige Läuferwicklung so angeschlossen, daß die Transformator-EMKK E_t und E'_t annähernd gleich gerichtet sind. In diesem Falle gilt das Vektorendiagramm Abb. 81 für den negativen Drehsinn, den der Motor wegen der Anlaßschaltung annimmt. Da E_{x_t} selbst schon im Sinne der Kompensierung wirkt, so kann $P_{y_h} = P_{x_2} = 0$ sein. Es sei das Verhältnis der Windungszahlen

$$\frac{N_{x_t}}{N_2} = \alpha$$

$$\frac{N_{y_t}}{N_2} = \beta.$$

Unter Vernachlässigung des Ohmschen Spannungsverlustes und der Phasenverschiebung erhält man

$$E'_{x_2} \pm E_{x_t} = E''_{x_2},$$

wobei das negative Zeichen, wie auch später, für untersynchrone Geschwindigkeiten (Abb. 82) gilt.

$$E'_{x_2} (1 \pm \alpha) = E''_{x_2}$$

$$\Phi_x (1 \pm \alpha) = v \cdot \Phi_y$$

Ebenso ist

$$E'_{y_2} (1 \pm \beta) = E''_{y_2}$$

$$\Phi_y (1 \pm \beta) = v \cdot \Phi_x$$

daraus folgt

$$v = \sqrt{(1 \pm \alpha)(1 \pm \beta)}$$

während

$$\frac{\Phi_x}{\Phi_y} = \sqrt{\frac{1 \pm \beta}{1 \pm \alpha}}$$

ist.

Die beiden Diagramme sind gezeichnet in der Annahme, daß $\beta > \alpha$ ist, so daß bei

$$v > 1, \quad \Phi_y < \Phi_x$$

bei

$$v < 1, \quad \Phi_y > \Phi_x$$

ist, was aber nur in viel geringerem Maße der Fall ist, als wenn nur eine Zusatzwicklung eingeschaltet ist.

Da die einzelnen EMKK in den unter einem Bürstenpaar kurzgeschlossenen Windungen den EMKK in der Läuferwicklung, der sie angehören, d. h. der gleichachsigen, proportional sind, so ist die resultierende EMK E_{res} unter einem Bürstenpaar, von der Wende-EMK E_w abgesehen, ganz allgemein ungefähr der vektoriellen Differenz der EMKK in der um die halbe Polteilung versetzten Läuferwicklung proportional.

Deshalb entspricht $E_{a_{res}}$ unter den Arbeitsbürsten der Transformator-EMK E_{y_t} und $E_{b_{res}}$ unter den Erregerbürsten der EMK E_{x_t}, so daß daran die Güte der Stromwendung gemessen werden kann.

Kommt zwar die Umsteuerung bei einem Nebenschlußmotor im allgemeinen nicht in Betracht, so daß die kleinen Hilfswicklungen N_h nicht umgeschaltet zu werden brauchen, so erfordert doch schon die Regelung der beiden Zusatzwicklungen zahlreiche Zuleitungen zum Motor.

In einem der A. E.-G. erteilten Zusatzpatent

Nr. 221 064 (20. XI. 1908) A. E.-G. ; Zus. zu **194 888,**

wird es daher, wie schon von **Punga**, ETZ. 1906, S. 267 ff., für den R. K. Motor angegeben worden war, für zweckmäßig erklärt, die Läuferarbeitswicklung anstatt an eine Ständerwicklung an einen vom Netz gespeisten Transformator anzuschließen (vgl. Nr. 153 730 A. E.-G., Abb. 57).

Nr. 165 053 (25. V. 1904) Arnold & la Cour (vgl. S. 88).

In diesem Patent, das lange vor demjenigen **Pungas** angemeldet ist, wird schon eine Schaltung mit Y-Zusatzwicklung für N. K. Motoren dargestellt (Abb. 83).

Aber erstens ist ihre Wirkungsweise nicht näher erläutert, und zweitens ist sie praktisch ungeeignet, da die gesamte Netzspannung an den Erregerbürsten liegt, während tatsächlich nur ein kleiner Teil der Netzspannung aufgenommen werden kann. Außerdem wird die Zusatzwicklung noch vom Ständerarbeitsstrom durchflossen, so daß der Motor zu den Doppelschlußmotoren zu zählen wäre. Praktisch brauchbare Anordnungen finden sich erst in

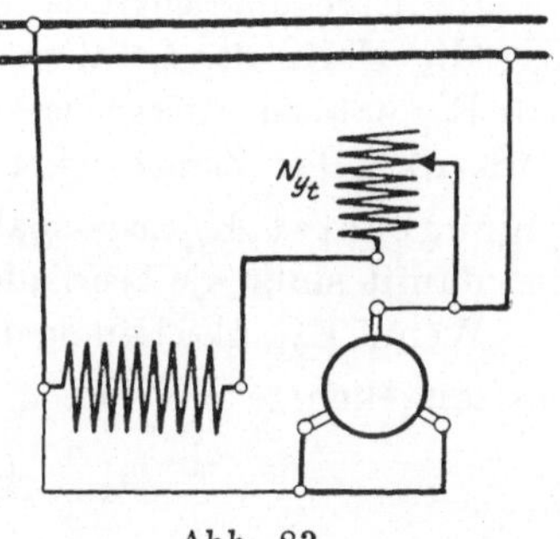

Abb. 83.

Nr. 204 145 (16. V. 1908); Zus. zu 165 053 [vgl. Kapitel X].

Dabei wird ganz über den Unterschied gegen die im Hauptpatent vorwiegend behandelten Reihen-Kurzschlußmotoren hinweggegangen, der darin liegt, daß beim N. K. Motor eine Verstärkung des Induktionsflusses Φ_y durch Gegenschaltung der Zusatzwicklung bewirkt wird, während beim R. K. Motor naturgemäß gleichsinnige Zuschaltung von Windungen Φ_y verstärkt. Dieses Patent wird im übrigen unter den Anlaßschaltungen (5) (S. 136) besprochen.

Die Wirkung der regelbaren Zusatzwicklung ist von Fränckel in seiner Dissertation: Der einphasige kompensierte Nebenschlußmotor (Arnold: Arbeiten aus Karlsruhe, 1909, J. Springer, Berlin) eingehend untersucht worden. Da beim N. K. Motor die Transformator-EMK E'_{x_2} nur von der Klemmenspannung abhängig und daher nahezu konstant ist, andererseits Größe und Phase des Arbeitsstromes durch die vektorielle Differenz von E'_{x_2} und $E''_{x_2} = c \cdot v \cdot \Phi_{y_2}$ bestimmt werden, so ist die Größe von Φ_y maßgebend für die Leerlaufdrehzahl, bei der das Hauptdrehmoment

$$D = c \cdot \Phi_{y_2} \cdot J_{x_2} \cdot \cos \rho_1 = 0$$

wird.

Im Erregerstromkreise ist im Gegensatz zum Arbeitskreise E''_{y_2}, die EMK der Rotation, die erregende und stets so groß, daß E'_{y_2} nahezu entgegengesetzt gleich E''_{y_2} ist. Wird nun die EMK E_{y_t} der Zusatzwicklung in Phase mit E''_{y_2}, also entgegengesetzt E'_{y_2} zugeschaltet, so wird E'_{y_2} und Φ_{y_2} größer und damit sinkt die Leerlaufdrehzahl, bei der $E''_{x_2} \sim E'_{x_2}$ wird.

Wenn E_{y_t} gleichsinnig mit E'_{y_2} zugeschaltet wird, so tritt das umgekehrte ein. Rechnerisch ergibt sich wie bei Punga

$$\Phi_y \,(1 \pm \beta) = v \cdot \Phi_x \,,$$

da aber wie beim gewöhnlichen N. K. Motor aus

$$E''_{x_2} \sim E'_{x_2}$$
$$v \cdot \Phi_y \sim \Phi_x$$

folgt, so ist $\qquad\qquad v = \sqrt{1 \pm \beta}$

Die Geschwindigkeit hängt nicht unmittelbar von der Änderung der Windungszahl ab, weil die z. B. mit abnehmender Geschwindigkeit erfolgende Verringerung von $E''_{y_2} = c \cdot v \cdot \Phi_x$ der Zunahme von Φ_y entgegenwirkt.

Die AW der beiden Wicklungen wirken bei untersynchroner Geschwindigkeit einander entgegen, unterstützen sich bei übersynchroner $(v > 1)$; daher ist die räumliche Verteilung der resultierenden MMK in beiden Fällen ganz verschieden, wenn wie gewöhnlich die Ständerwicklung für sich eine trapezförmige AW-Kurve ergibt (Abb. 84). Bei übersynchroner Geschwindigkeit nähert sich die Kurve der MMK mehr der Sinusform, bei untersynchroner entfernt sie sich noch weiter als bei bloßer Läufererregung davon.

Die Größenverhältnisse sind aber in Wirklichkeit gerade umgekehrt wie in der Abb. 84, denn im letzteren Falle ist eine sehr beträchtliche Erhöhung der Magnetisierungsstromes J_y die nachteilige Folge sowohl der verringerten wirksamen Windungszahl als auch des Anwachsens von Φ_y. Zudem tritt zwischen den gegeneinandergeschalteten Wicklungen Streuung auf, wodurch die Wirksamkeit der Gegenschaltung schließlich begrenzt wird. Soweit kann es aber erst gar nicht kommen: der Erregerstrom ist der dritten Potenz der Geschwindigkeit umgekehrt proportional, wenn keine Sättigung vorhanden ist, da Φ_y umgekehrt proportional v, die wirksame Windungszahl v^2 proportional ist.

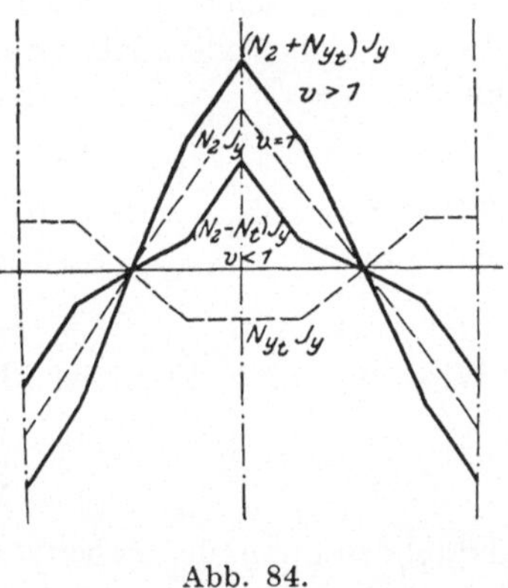

Abb. 84.

Tätsächlich nimmt wegen der Sättigung der Strom J_y bei untersynchronem Betriebe noch weit schneller zu.

Deshalb liegt ein wertvoller Erfindungsgedanke in dem

D. R. P. Nr. 209 229 (4. VIII. 1908) **Arnold & Fränckel.**

demzufolge der Induktionsfluß Φ_y bei allen Geschwindigkeiten konstant gehalten werden soll. »In diesem Falle ist die Sättigung und für ein bestimmtes Drehmoment auch der [A] Arbeitsstrom bei allen Geschwindigkeiten konstant, die Beanspruchung von Eisen und Kupfer stets gleich groß. Wird dagegen Φ_y geregelt, so muß die Maschine für die größte Sättigung bei der kleinsten Drehzahl und für den größten Arbeitsstrom bei der höchsten Drehzahl berechnet werden. Die Vereinigung der regelbaren Arbeitswicklung nach D.R.P. Nr. 153 730 der A. E.-G. mit der Zusatzwicklung von Arnold & la Cour Nr. 165 053

ermöglicht es, für ein weites Geschwindigkeitsgebiet die Induktionsflüsse nahezu konstant zu halten.≪ Dies ist aber die Schaltung
nach **Punga**:

Nr. 194 888 (Abb. 80), die im wesentlichen, aber ohne die
Kompensierungswicklung N_{y_h}, auch hier benutzt wird, jedoch
zu einem anderen Zwecke, es soll nämlich stets das Verhältnis
der Zusatzwicklung zur Läuferwicklung für beide Achsen
dasselbe sein, also $\alpha = \beta = u$.

Dann folgt sofort aus der letzten Gleichung S. 108, die sich
bei Punga nicht findet, daß unabhängig von der Geschwindigkeit

$$\Phi_x = \Phi_y$$

ist. Φ_x ist aber nahezu konstant, so lange die Klemmenspannung
konstant bleibt. Es ist ferner

$$v = 1 \pm u.$$

Wird nur die Y-Zusatzwicklung angewendet, so ist

$$\Phi_y = \frac{1}{v} \cdot \Phi_x \, ,$$

wird dagegen nur in den Arbeitskreis eine EMK E_{x_t} eingeschaltet,
so ist wie beim gewöhnlichen N. K. Motor in der Y-Wicklung

$$E'_{y_2} \sim E''_{y_2}$$
$$\Phi_y \sim v \cdot \Phi_x \, .$$

Wenn also nicht nur gleichzeitig, sondern auch gleichmäßig
in beiden Achsen geregelt wird, so bleibt Φ_y konstant.

Für die praktische Ausführung wird angegeben, daß wegen der
gleichmäßigen Veränderung der Windungszahlen die beiden Rege-
lungseinrichtungen zweckmäßig in einem Schaltapparat vereinigt
werden. Trotzdem kann für feinstufige Regelung die Zahl der
Anschlüsse bei der Y-Zusatzwicklung, die ja nur den Erregerstrom
führt, viel größer gemacht werden als bei der X-Wicklung, bzw.
dem am Netz liegenden Transformator, der sie ersetzen kann.

Hinsichtlich der Stromwendung verhalten sich alle Bürsten
bei jeder Geschwindigkeit gleich, wenn die beiden Induktionsflüsse gleich groß bleiben. Dies ist in Nr. 212 245 (S. 99) näher
erörtert, kann aber nur so lange zutreffen, als sich die Wende-EMK
E_w noch nicht bemerkbar macht. Immerhin ist der übersynchrone

Betrieb zweifellos besser möglich, als wenn durch Verringerung von Φ_y die Geschwindigkeit erhöht wird, wobei man nach den Versuchen von Fränckel u. Creedy bald an die Funkengrenze gelangt.

Ein Bestreben, daß zu dem vorangehend besprochenen in einem gewissen Gegensatz steht, aber gerade durch die Gegenüberstellung an Interesse gewinnt, kommt in

Nr. 224 483 (25. I. 1908) **A. E.-G.**; Zus. zu **153 730** zum Ausdruck. Die Erfindung, betreffend:

„Die Erregung und Regelung von ausschließlich oder zum Teil durch den Läufer erregten Wechselstrom-Kommutator-Maschinen" — soll sich zwar auf alle Arten von Motoren erstrecken, kommt aber hauptsächlich für solche mit Nebenschlußcharakteristik in Betracht.

≫Bei Läufererregung läßt sich für jede Drehzahl ein be- $[\varphi_k]$ stimmtes Verhältnis der an die Arbeitswicklungen gelegten Spannungen finden, für das die Erregung, von Streuung und sekundären Erscheinungen abgesehen, wie bei Gleichstrom erfolgt.≪

Die Art der Erregung, die für alle Induktionsmotoren ungefähr bei Synchronismus eintritt, daß nämlich den Erregerbürsten nur eine kleine Leistungsspannung zur Deckung der Verluste zuzuführen ist, aber keine leistungslose Spannung verbraucht wird, soll also bei allen Geschwindigkeiten eintreten. Es läßt sich schon von vornherein sagen, daß dazu eine starke Veränderung der Induktionsflüsse und damit im Gegensatz zu dem vorigen Patent eine unvorteilhafte Verschiebung aller elektrischen und magnetischen Verhältnisse über den ganzen Geschwindigkeitsbereich nötig ist.

Mit ganz roher Annäherung läßt sich folgende Rechnung durchführen:

Es sei die Klemmenspannung P, die Ständerarbeitsspannung

$$P_{x_1} = k \cdot P,$$

die Läuferarbeitsspannung

$$P_{x_2} = (1 - k) \cdot P,$$

wobei zunächst das Verhältnis der Windungszahlen

$$a = \frac{N_{x_1}}{N_{x_2}} = 1$$

Dyhr, Einphasen-Motoren. 8

angenommen ist. Die Rotations-EMK

$$E_{x_2}'' = c . v . \Phi_y$$

muß $E_{x_2}' \sim P_{x_1}$ und P_{x_2} das Gleichgewicht halten; daraus folgt:

$$(1) \quad c . v . \Phi_y \sim P ,$$

ferner ist

$$(2) \quad \Phi_x \sim \frac{1}{c} . k . P$$

$$E_{y_2}' = c . \Phi_y$$

$$E_{y_2}'' = c . v . \Phi_x \sim v . k . P \ [\text{aus } (2)].$$

Nun soll nach Voraussetzung

$$E_{y_2}' - E_{y_2}'' \sim 0$$

sein, daher $(3)\ c . \Phi_y \sim k . v . P,$

und wenn aus Gleichung (1) der Wert für Φ_y eingesetzt wird, so ergibt sich als Bedingung

$$(4) \quad k \sim \frac{1}{v^2}$$

Aus Gleichung (2) und (4) folgt, daß bei konstanter Klemmenspannung der Induktionsfluß Φ_x umgekehrt proportional dem Quadrat der Geschwindigkeit sein muß, ferner aus (2) und (3), daß dann $(5)\ \Phi_y = v . \Phi_x$
ist; dies ist, nur anders ausgedrückt, ja die Bedingung der spannungslosen Erregung, die sich z. B. aus dem EMK-Dreieck O E D der Abb. 6 ergibt. Der Induktionsfluß Φ_y ist als der Geschwindigkeit wieder umgekehrt proportional. Aus Gleichung (5) folgt, daß zwar die Stromwendung an den Arbeitsbürsten immer gut ist, deren Kurzschlußwindungen ja dem spannungslosen Verhalten der Erregerwicklung folgen, dagegen müssen nun, entgegen der Behauptung der Patentschrift, daß stets die günstigste Stromwendung erzielt wird, an den Erregerbürsten bei der Abweichung von der synchronen Geschwindigkeit in derselben Weise Funken-EMKK auftreten, wie dies beim normalen Kurzschlußmotor umgekehrt an den Arbeitsbürsten der Fall ist. Allerdings ist die geringere Strombelastung an den Erregerbürsten günstiger.

Bei untersynchroner Geschwindigkeit wird natürlich die quadratische Zunahme des Induktionsflusses Φ_x bald durch die Sättigung begrenzt, und die zahlreichen Abbildungen, in denen alle möglichen Schaltungen für Nebenschluß-, Doppelschluß- und Reihen·Kurzschlußmotoren wiederholt werden, weisen daraufhin, daß hauptsächlich an den übersynchronen Betrieb gedacht ist, da die Möglichkeit, den Anschlußsinn der Läuferarbeitsspannung für untersynchronen Betrieb umzukehren, weder erwähnt noch dargestellt ist. Ebenso bezieht sich ein Diagramm für die Verbesserung der Stromwendung an den Erregerbürsten nur auf übersynchrone Geschwindigkeit.

Durch Wendespulen in beliebiger Art und Schaltung oder durch Vergrößerung des Luftspaltes soll der Teil des Induktionsflusses Φ_y, der die unter den Erregerbürsten kurzgeschlossenen Windungen durchsetzt, mit zunehmender Geschwindigkeit soweit verkleinert werden, daß die Funken-EMK einen zulässigen Wert behält.

In

Nr. 227 035 (19. IV. 1910) M. F. Örlikon

wird ein Verfahren zur Geschwindigkeitsregelung von N. K. [v] Motoren angegeben, das an sich sehr naheliegend ist, denn »der N. K. Motor kann mit beliebiger Geschwindigkeit laufen, wenn eine konstante Spannung bestimmter Phase und Größe in die Erregerwicklung eingeführt wird.«

Da der Kurzschluß der Läuferarbeitswicklung nicht aufgehoben wird, so geht aus Abb. 6 Dreieck O B C hervor, daß entsprechend $E_{x_2}'' \sim E_{x_2}'$ die Bedingung, die beim R. K. Motor selbsttätig erfüllt wird,

$$\Phi_{y_2} \sim \frac{1}{v} \cdot \Phi_{x_2}$$

auch beim N. K. Motor, aber willkürlich erfüllbar sein soll.

Darin liegt die technische Schwierigkeit, die nach dem vorliegenden Patent, man kann sagen, durch eine eigenartige Vereinigung zweier Nebenschlußtransformatoren gelöst werden soll (Abb. 85).

Die Ständerwicklung ist als gleichmäßig verteilte Wicklung mit Anzapfungen ausgeführt, die Erregerbürsten werden an die regelbare Sekundärwicklung des Transformators angeschlossen, an dessen regelbare Primärwicklung ein bestimmter Teil der Ständerwicklung gelegt wird.

Bei der niedrigsten untersynchronen Geschwindigkeit steht K_1 auf 1, K_2 auf 2, K_3 auf 1. Die Spulen S_1 und S_7, der kleinste Teil der Ständerwicklung, werden angeschlossen. Das Übersetzungsverhältnis des Transformators ist am größten, so daß P_{y_2} am größten ist, und infolge der Lage der Ständerspulen[1]) S_1 und S_7 fast die Phase

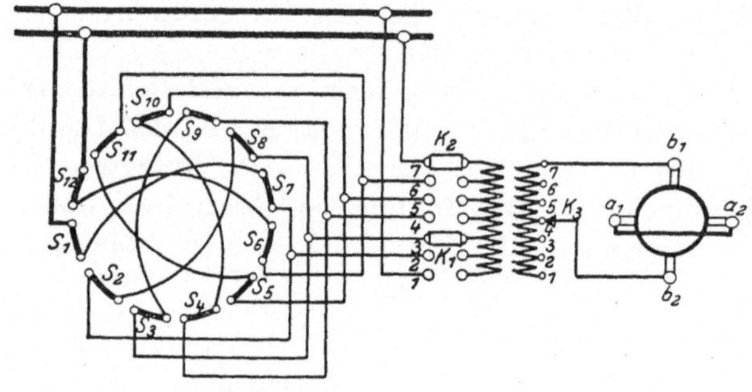

Abb. 85.

der Magnetisierungs-EMK E'_{y_2} hat. Für zunehmende Geschwindigkeit bleibt K_1 auf 1, während K_2 und K_3 nach oben verschoben werden, bis für synchrone Geschwindigkeit K_2 auf 7 und K_3 auf 6 steht, wobei die volle Primärwicklung des Transformators am Netz liegt.

Das Übersetzungsverhältnis des Transformators ist dabei am kleinsten, und die Erregerspannung P_y erhält ihren kleinsten Wert in Phase mit der Netzspannung. Für übersynchrone Geschwindigkeiten bleibt K_2 auf 7, während K_1 nach oben, K_3 wieder nach unten wandert, so daß bei der höchsten Geschwindigkeit der kleinste Teil der Primärwicklung des Transformators (6/7) parallel zu den Spulen S_6 und S_{12} der Ständerwicklung liegt.

Wenn man die Verhältnisse der Abb. 85 zugrunde legt, so daß bei gleichmäßiger Abstufung das Übersetzungsverhältnis $\dfrac{N_{t_2}}{N_{t_1}}$

---

[1]) Die Achse jeder Spule liegt in dem Schema in der Richtung des dicken Striches.

des Transformators die Werte

$$\tfrac{1}{6}, \quad \tfrac{2}{5}, \quad \tfrac{3}{4}, \quad \tfrac{4}{3}, \quad \tfrac{5}{2}, \quad \tfrac{6}{1},$$

letzteren bei synchroner Geschwindigkeit annimmt, so ergibt sich die jeweilige Erregerspannung $P_{y_2} = -P_{t_2}$ aus Abb. 86. In den Kreis sind nach dem topographischen Verfahren die der Ständerwicklung entnommenen Spannungen P_{t_1} eingezeichnet; die Klemmenspannung P_{x_1} ist gleich dem Durchmesser und die Kontaktbewegung entspricht der Veränderung der Geschwindigkeit von der synchronen aus, wobei der jeweilig ruhende Kontakt der Primärwicklung in 1 zu denken ist. Da man annehmen kann,

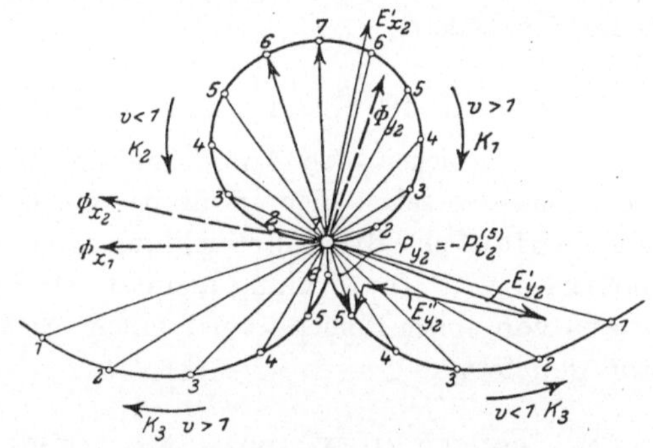

Abb. 86.

daß für alle Drehzahlen bei normaler Belastung der Induktionsfluß Φ_{x_2} seine Größe und seine Phasenverschiebung gegen Φ_{y_2} beibehält, so folgt aus dem Diagramm, das dem kompensierten N.K.Motor bei positivem Drehsinn entspricht, daß in Wirklichkeit der Verlauf der Phasenverschiebung und Größe von P_{y_2} anders geregelt werden muß, als hier angenommen war. Bei den untersynchronen Drehzahlen wird die Phasenverschiebung von P_{y_2} rasch zu groß, da Φ_{y_2} und somit auch E'_{y_2} und $J_{y_2} w_2$ zunehmen; bei den übersynchronen Drehzahlen ist die Phasenverschiebung nicht hinreichend.

Das Verfahren hat im übrigen die entsprechenden Mängel wie das im vorangehenden Patent der A. E.-G. beschriebene. Bei abnehmender untersynchroner Geschwindigkeit muß Φ_y bald die Grenze der Sättigung und der Strombelastung des Läufers erreichen, während sich dem übersynchronen Betriebe dasselbe Hindernis wie beim W.E.L.Motor, die hohe EMK der Rotation an den Arbeitsbürsten, entgegenstellt.

Neuntes Kapitel.

Gemischt erregte Kurzschluß-Motoren (4).

[+ L, A]

Mit den unter dieser Bezeichnung zusammengefaßten Schaltungen wird zum größten Teil nicht eine Vereinigung oder eine Zwischenstufe der Geschwindigkeitscharakteristiken des R. K. Motors und des N. K. Motors bezweckt, sondern es handelt sich meist darum, die Leistungsfähigkeit und Ausnutzung des N. K. Motors zu vergrößern.

D.R.P. Nr. 189074 (4. IX. 1904) F. G. L.

betrifft im wesentlichen eine Anlaßschaltung (5) und muß nur wegen der Zusätze schon hier erwähnt werden. Zur Erregung wird beim Anlauf eine Ständerwicklung allein, im normalen Betriebe nur die Läuferwicklung benutzt. Die Erregerspannung wird stets von einem Reihen- und einem Nebenschluß-Transformator geliefert.

Nr. 205470 (4. IX. 1904), Nr. 205471 (16. IV. 1905);
Zus. zu 189074.

In der Betriebsschaltung ist nach beiden Zusatzpatenten in der Y-Achse eine Ständerwicklung vom Ständerarbeitsstrom und die Läuferwicklung vom Nebenschlußerregerstrom durchflossen (Abb. 87).

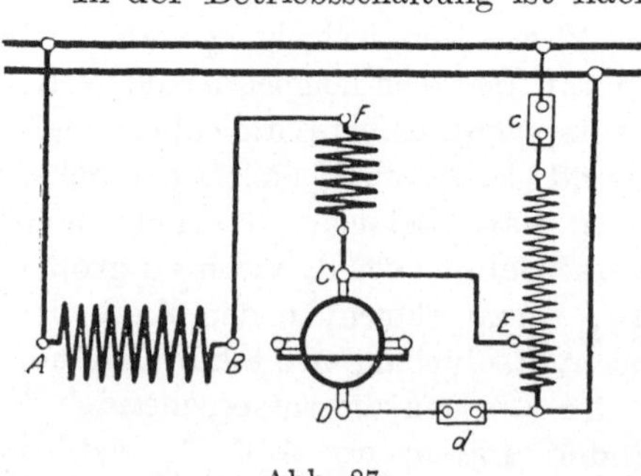

Abb. 87.

In der ersten Patentschrift wird gesagt, ≫daß die von der Ständerwicklung hervorgerufene Phasenverschiebung nach dem Anlauf irgendwie aufgehoben werden soll≪; das wäre aber nur durch Ausschalten der Wicklung möglich, womit wieder der Nachteil der Stromunterbrechung verbunden wäre. Die Eigenschaften dieser Schaltung werden ausführlich erst in dem besonderen

D.R.P. Nr. **203915** (20. IX. 1905) **F.G.L.**, Doppelschluß-
Kurzschluß-Motor

besprochen

≫Die Anwendung der Ständerwicklung hat den Vorteil, daß, je mehr sie zur Erzeugung des Induktionsflusses Φ_y beiträgt, ein um so größerer Teil des Stromes durch die Zweigverbindung C E fließt. Dadurch soll eine Entlastung des Stromwenders eintreten, die besonders bei schlecht gekühlten eingeschlossenen Motoren wichtig ist. Ja, die Ständerwicklung kann so viele Windungen erhalten, daß sie bei normalem Betriebe den Induktionsfluß Φ_y allein erzeugt und durch die Bürsten fast kein Strom fließt, während der Arbeitsstrom seinen Weg durch C E und den Sekundärteil des Transformators nimmt.≪

Der Motor entspricht genau dem erst später erfundenen Doppelschluß-Kurzschluß-Motor der A. E.-G. Abb. 18, der theoretisch S. 32 ff. ausführlich behandelt worden ist. Aus dem Vergleich mit jener Darlegung geht hervor, daß in der Patentschrift unklare und zum Teil falsche Ansichten geäußert werden.

Eine genauere praktische Untersuchung hätte das gleiche Ergebnis haben müssen, wie es Eichberg bei seinem D.K.Motor erhielt. Es könnte scheinen, als ob ein gewisser Unterschied dadurch entstehe, daß die Magnetisierungs-EMK E'_{y_1} der Ständerwicklung hier einen beträchtlichen Teil der Netzspannung beansprucht (Abb. 88); wenn aber Φ_y und E'_{y_1} nahezu konstant bleiben, so können bei konstanter Klemmenspannung auch P_{x_1} und Φ_x sich nicht wesentlich ändern.

Φ_y wird aber auch hier dadurch konstant gehalten, daß die beiden Y-Wicklungen einander transformatorisch beeinflussen. Bei kleinen Belastungen, wo hauptsächlich die Nebenschlußerregerwicklung auf dem Läufer Φ_y erzeugt, weil J_{x_1} nur klein ist, würde die Abnahme der Geschwindigkeit eine Verringerung von Φ_y bewirken (vgl. S. 24), damit aber eine Zunahme des Arbeitsstromes, der hier die Erregung unterstützt, so daß das Anwachsen des Drehmomentes, das schon beim reinen N.K.Motor zunächst eine stärkere Abnahme der Geschwindigkeit verhindert, noch verstärkt wird. Die Verringerung der Drehzahl ist beim R.K.Motor, ein bestimmtes Drehmoment vorausgesetzt, nur möglich, wenn Φ_y größer wird. Beim Doppelschluß-Kurzschluß-Motor wird letzteres aber durch die Nebenschlußerregerwicklung verhindert, da das Anwachsen von E'_{y_2} gegenüber E''_{y_2} die Phase des Stromes J_{y_2} derartig verschiebt, daß die magnetisierenden AW entsprechend J_{y_m} (Abb. 88) konstant gehalten werden. Also nicht bei kleiner bis normaler Belastung, sondern bei normaler und größerer Belastung wird Φ_y hauptsächlich, aber nicht allein, vom Ständerarbeitsstrom erzeugt. Das hat jedoch im Gegensatz zu der Behauptung der Patentschrift nur eine Vergrößerung des Läufererregerstromes J_{y_2} zur Folge.

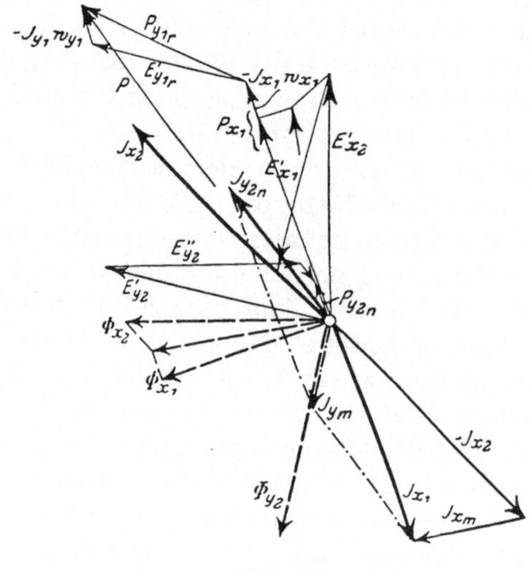

Abb. 88.

Die Belastung, wo J_{y_2} am kleinsten ist, kann allerdings gleich der normalen gemacht werden, indem man die Windungszahl N_{y_1} der Erregerwicklung auf dem Ständer entsprechend klein wählt. Wird Φ_y und die Lage des Vektors J_{x_1} konstant angenommen, letzteres, weil der Motor hinsichtlich der Arbeitswicklungen kompensiert ist, so bewegt sich der Endpunkt des Vektors J_{y_2} auf der Geraden parallel zu J_{x_1} durch den Endpunkt von J_{y_m}. Die Anpassungsfähigkeit des Motors ist ein Vorteil gegenüber dem Motor von Eichberg in der einfachen Schaltung ohne Reihentransformator, bei dem die halbe Läuferwicklung zur Reihenschlußerregung benutzt wird, während bei gleicher Windungszahl der beiden Arbeitswicklungen der normale Ständer-

arbeitsstrom stets ein mehrfaches des erforderlichen Nebenschlußerregerstromes ist; bei normaler Belastung muß dann im Nebenschlußkreise schon ein beträchtlicher Gegenstrom entstehen,
beim Leerlauf der Nebenschlußerregerstrom ebenfalls sehr groß
sein, da er im Gegensatz zum F.G. L.-Motor nur die halbe Läuferwicklung durchfließt. Der größeren Belastung der Läuferwicklung
bei dem Eichbergschen Motor steht bei dem Motor der F. G. L.-
W. die besondere Erregerwicklung und die von ihr verursachte
Verschlechterung des Leistungsfaktors gegenüber, auch tritt im
letzteren Falle, wo die beiden Wicklungen durch den Luftspalt
voneinander getrennt sind, zwischen ihnen starke Streuung auf,
wenn die beiden Erregerströme einander entgegenwirken.

Nr. 198 317 (20. IX. 1905) F. G. L.

Dieses Patent schützt dieselben Mittel und Zwecke wie das
vorhergehende für den Fall, daß beim Atkinson -R.K. Motor
Erregerbürsten vorhanden sind, die über einen kleinen Nebenschlußtransformator geschlossen werden. Die Schaltung unterscheidet sich also nur dadurch von der in Abb. 87 wiedergegebenen.
daß auch der zweite Anschluß der Ständerwicklungen an das Netz
unmittelbar und nicht, wie dort, über den kleinen Transformator
stattfindet.

War das Prinzip des Doppelschluß-Motors in diesen Patenten
zwar gegeben, so liegt doch gegenüber der Anwendung auf den
Atkinson-R.K. Motor bei der Benutzung des W.E.L. Motors zu
dem gleichen Zwecke etwas neues vor allem in der Verwendung der
kurzgeschlossenen Arbeitsbürsten zur Teilung der Erreger·
wicklung, die sich zuerst im

D.R.P. Nr. 179092 (26. V. 1906) A. E.-G. [vgl. Kapitel XI, S. 143]

für eine Reihenschaltung angegeben findet.

In

Nr. 200 523 (20. VII. 1906) A. E.-G.

soll diese Möglichkeit zunächst für den N.K. Motor ausgenutzt
werden in einer Schaltung, die der von Abb. 16 entspricht, nur
daß B mit den Arbeitsbürsten verbunden ist und zwischen B und

die einzige Erregerbürste bei C die kleine Sekundärspannung eines
Netz-Transformators nach Abb. 87 gelegt ist, während E D ganz
wegfällt. Die Annahme, daß auch der Arbeitsstrom proportional
der Belastung durch die Erregerwicklung fließen werde, ist aber
irrig. Die wirkliche Doppelschlußschaltung, jedoch ebenfalls mit
dem besonderen Nebenschlußtransformator, wird in einer weiteren
Figur gegeben (vgl. Abb. 18). Die Vorteile, die von der Schaltung
gegenüber dem einfachen N. K. Motor erwartet werden, sind in

Nr. 211 518 (25. X. 1906) A. E.-G.

auseinandergesetzt. Sie beruhen auf der ≫Versteifung des
Magnetfeldes≪. Diese bewirkt, daß die Schlüpfung verringert,
die Belastungsgrenze erhöht wird
und der Leistungsfaktor auch
bei Überlastung in der Nähe der
Einheit bleibt.

Die beliebige Einstellung
des Verhältnisses der beiden
Erregungen wird ermöglicht
durch den schon vom W. E. L.
Motor her bekannten Reihentransformator (Abb. 89).

Diese endgültige Schaltung,
wie sie auch Eichberg, ETZ.
1907, S. 772 anführt, ist aber
erst in

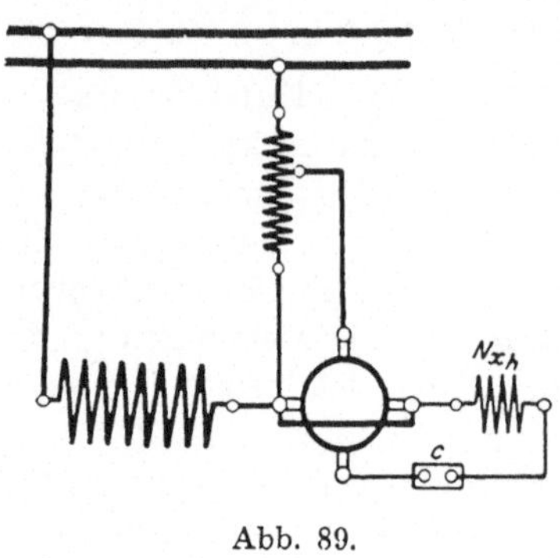

Abb. 89.

Nr. 215 658 (2. XI. 1906); Zus. zu 211 518

angegeben worden, ≫nachdem Versuche ergeben haben, daß die
Nebenschlußspannung von der Ständerarbeitswicklung abgenommen
werden kann. Mit zunehmender Belastung sinkt zwar die Ständerspannung ein wenig, Drehzahl und Leistungsfaktor halten sich jedoch
genügend steif. Statt der besonderen Wicklung kann auch ein
Teil der Ständerwicklung selbst in den Erregerkreis eingeschaltet
werden.≪ Diese Vereinfachung ist ja von anderen Erfindern schon
vielfach angewendet worden.

In

Nr. 207 376 (5. XI. 1907) A. E.-G.

wird die Schaltung Abb. 89 dazu benutzt, z. B. beim Antrieb von

Werkzeugmaschinen den Motor während der Arbeitsperiode mit Nebenschlußcharakteristik laufen zu lassen, während der Leerlaufperiode dagegen, wo eine höhere und nicht notwendig konstante Geschwindigkeit statthaft ist, den Schalter c zu öffnen und so dem Motor die Reihenschlußcharakteristik zu geben.

Die bisher behandelten Motoren zeigen im Gegensatz zu dem Doppelschluß-Motor für Gleichstrom nur eine „verbesserte Nebenschlußcharakteristik."

Nachdem aber die Gründe hierfür erkannt worden waren, gelang es den F. G. L.-W., eine Schaltung zu finden, die eine gemischte Geschwindigkeitscharakteristik wenigstens theoretisch erwarten läßt.

Nr. 208 802 (4. IV. 1908) F. G. L.

Im Hinblick auf die Schaltung nach Nr. 198 317 (S. 121) wird aus der Erfahrung bestätigt, was schon zu Nr. 203 915 (S. 119) theoretisch entwickelt wurde: ≫Es ist auch durch eine Reihenerregerwicklung nicht ohne weiteres möglich, den Induktionsfluß Φ_y und die Geschwindigkeit zu ändern, da die beiden Erregerwicklungen einander induktiv beeinflussen.

Wird dagegen [Nr. 195 553 A. E.-G. (Abb. 61) S. 84] in den Nebenschlußerregerkreis des Läufers' ein Reihentransformator geschaltet, so ist zu erwarten, daß der Motor mehr eine Reihenschlußcharakteristik hat.

Gemäß der Erfindung wird aber ein guter Belastungsausgleich durch eine neue Art der Erregung (Abb. 90) erreicht, indem die von der Ständererregung im Läufer induzierte EMK durch eine dem Läufer zugeführte dem Arbeitsstrom proportionale Spannung ganz oder zum Teil aufgehoben wird. ≪

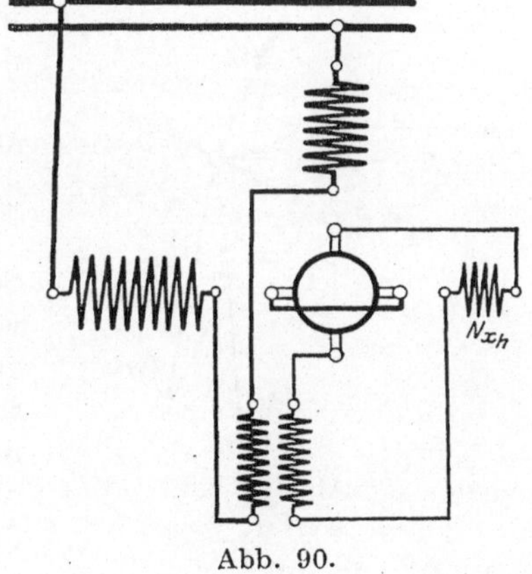

Abb. 90.

Äußerlich stellt die Schaltung einfach die Vereinigung der beiden oben erwähnten dar. Der Fortschritt beruht aber auf der folgenden theoretischen Erkenntnis:

Es ist nur dann möglich, daß ein stärkerer Y-Magnetismus entsteht und der Motor infolgedessen bei großer Belastung ohne allzu starkes Ansteigen des Arbeitsstromes mit verringerter Geschwindigkeit laufen kann, wenn die EMK E'_{y_2}, die von dem beiden Wicklungen gemeinsamen Induktionsfluß Φ_y im Läufer induziert wird, größer werden kann. Beim reinen N. K. Motor deckt die konstante EMK der Rotation E''_{y_2} die Magnetisierungs-EMK E'_{y_2}; soll diese also größer werden, so muß der Fehlbetrag von einer äußeren Magnetisierungsspannung geliefert werden, und eben diese Spannung P_{y_r} von veränderlicher Größe und Phase gibt der Reihenerregertransformator genau wie beim W. E. L. Motor her. Wenn aber nicht die Spannung am Reihentransformator geregelt, bzw. gleich Null gemacht werden kann, so ist zu bezweifeln, ob sich mit einem nennenswerten Geschwindigkeitsabfall die „Begrenzung der Drehzahl" nach oben durch den Synchronismus vereinigen läßt.

Eigentümlich ist bei dieser Schaltung, daß der Ständerstromkreis mit dem Läufererregerkreise an drei Stellen magnetisch gekoppelt ist. — Der Leistungsfaktor des Motors dürfte niemals besonders gut sein; die Ständererregerwicklung verbraucht stets eine Magnetisierungsspannung, und bei starker Belastung wächst nach Voraussetzung sogar nicht nur diese, sondern auch die für den Läufer erforderliche nacheilende Spannung P_{y_r} beträchtlich an.

Die Wirkungsweise der Schaltung ist leichter erkennbar, wenn man, wie zum Schluß angegeben wird, den Reihentransformator durch eine Drosselspule im Läuferkreise ersetzt, ≫ da es weniger auf die Transformierung des Stromes als darauf ankommt, daß eine die Wirkung von E'_{y_2} zum Teil aufhebende EMK eingeschaltet wird (Abb. 91) ≪. Dies ist in der Tat der Fall, wenn der

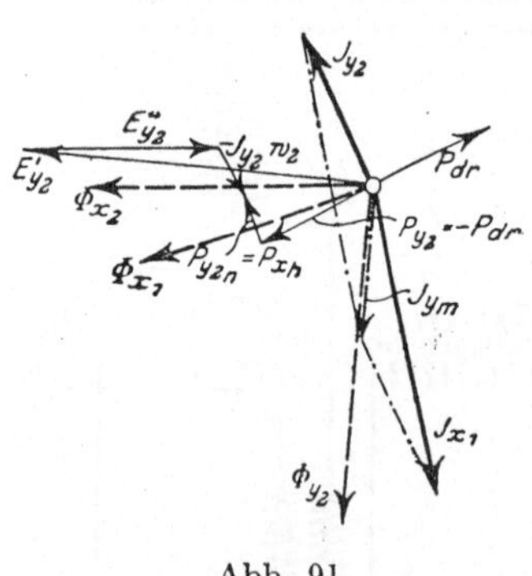

Abb. 91.

Vektor J_{y_2} erst in die gezeichnete Lage gekommen ist. Bei Leerlauf aber ist J_{y_2} etwa in Phase mit Φ_{y_2}, mithin liegt auch die Spannung P_{dr} an der Drosselspule nahezu entgegengesetzt und hat die schon von Creedy benutzte Wirkung, die Geschwindigkeit über die synchrone zu erhöhen (Abb. 79).

Dies ist jedenfalls der Grund, weshalb in

Nr. 218 577 (17. V. 1908); Zus. zu **208 802**

die Drosselspule bzw. die sie ersetzende Sekundärwicklung des primär geöffneten Nebenschlußtransformators (Abb. 92) regelbar gezeichnet ist.

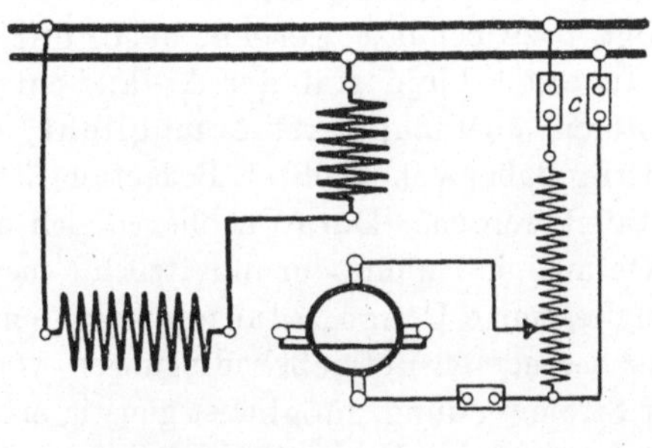

Abb. 92.

≫Man hat so die Möglichkeit, den Motor während des Betriebs in einen Induktions-[Atkinson-N. K.] Motor zu verwandeln.≪

Wenn der Schalter c geschlossen ist, erhält man wieder den früheren Doppelschluß-Motor, es fragt sich aber, ob nicht auch bei der gewünschten Drehzahlverminderung durch eine Drosselspule stets eine kompensierende Hilfsspannung erforderlich ist; Abb. 91 weist wenigstens darauf hin.

Zehntes Kapitel.

Anlaß-Schaltungen
für Nebenschluß-Kurzschluß-Motoren (5 α).

a) Der Anlauf des Kommutator-Motors.

Außer den bisher behandelten Schaltungen, die das grundsätzlich neue für den Betrieb der Einphasenmotoren enthalten, gibt es noch eine große Anzahl, in denen solche nun bekannte Grundgedanken teils einzeln, teils in der verschiedenartigsten Weise vereinigt, dazu benutzt werden, besondere Zwecke zu erreichen. In erster Linie soll der Anlauf entweder, wie bei den N. K. Motoren, überhaupt erst ermöglicht, oder, weil die Stromwendung dabei von größter Bedeutung ist, möglichst günstig gestaltet werden. Daran schließen sich aber von dem Gesichtspunkte aus, daß nichts grundsätzlich Neues in Betracht kommt, zwanglos einige Umschaltungen, in denen bestimmte Motoren unter besonderen Betriebsbedingungen, vor allem wieder bezüglich der Stromwendung, möglichst günstig arbeiten können.

Im Anlauf weicht das Verhalten der Induktions-Reihenschluß-Motoren von dem der anderen Motoren ab, da in beiden Achsen starke Induktionsflüsse entstehen und die Eigenart der Schaltung, vor allem die Beweglichkeit der Bürsten, sowohl eine Beeinflussung von außen, als auch eine Umschaltung fast ausschließt. Daher wurde schon S. 76 kurz darauf eingegangen.

Die Konduktions-Reihenschluß-Motoren und die R. K. Motoren dagegen verhalten sich im Anlauf ganz gleichartig, weil im ersten Falle die Gegenwicklung auf dem Ständer, im zweiten Falle der Kurzschluß der noch ruhenden Läuferarbeitswicklung verhindert, daß in der Arbeitsachse ein erheblicher Induktionsfluß den Läufer durchsetzt. Etwa vorhandene Erregerbürsten in der Y-Achse können daher keine Störungen verursachen. Aus diesem Grunde und dem weiteren, daß in der Erregerwicklung auf jeden Fall nur die EMK der Selbstinduktion E'_γ wirkt, ist es für den Anlauf grundsätzlich gleichgültig, ob zur Erregung die Läuferwicklung oder eine besondere Ständerwicklung benutzt wird; trotzdem stützen sich auf diesen Unterschied Patente.

Entscheidend für den Anlauf ist das Verhalten der unter den Arbeitsbürsten kurzgeschlossenen Windungen, die vom Induktionsfluß Φ_y durchsetzt werden; dieser erzeugt die EMK E_a', die im Anlauf allein wirksam ist. Entsteht dadurch ein Kurzschlußstrom J_{k_a}, der durch die Bürste von Lamelle zu Lamelle verläuft, so schädigt dies nicht nur den Stromwender, sondern auch das Anlaufsdrehmoment. Eichberg hat schon ETZ. 1904, S. 75ff. die Drehmomentsgleichung

$$D = c \,.\, \cos \rho \,.\, \Phi_y \,.\, (N_2 \, J_{x_2})$$

auch als Kommutierungsgleichung bezeichnet. Für den Konduktions-Reihenschlußmotor hat R. Richter, ETZ. 1906. S. 133 die

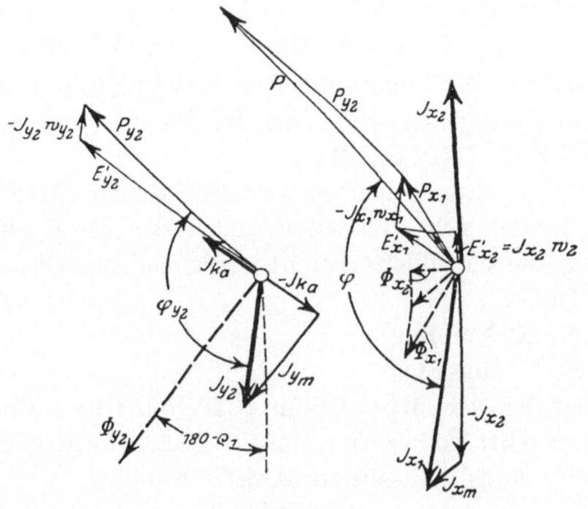

Abb. 93.

Verhältnisse eingehend untersucht. Mit Vorsicht lassen sich die Ergebnisse auch auf die Induktionsmotoren anwenden. Unter der Annahme, daß die EMK E_a' groß genug sei, um einen erheblichen Kurzschlußstrom J_{k_a} zu erzeugen, ist in Abb. 93 das Diagramm des W. E. L. Motors für den Anlauf wiedergegeben. Die Windungen unter den Arbeitsbürsten wirken auf die Erregerwicklung als kurzgeschlossene Sekundärwicklung eines Transformators. Dadurch wird der für das Drehmoment ausschlaggebende Winkel $(180 - \rho_1)$ stark vergrößert. Infolge des Leistungsverbrauches durch den

Kurzschlußstrom der Arbeitsbürsten wird der Leistungsfaktor $\cos \varphi_y$, der Erregerwicklung und damit der Gesamtleistungsfaktor $\cos \varphi$ stark vergrößert.

Da J_x proportional Φ_y ist, so wachsen die Verluste proportional Φ_y^2, das Drehmoment dagegen ist nur Φ_y selbst proportional, und auch das nur, soweit nicht die Vergrößerung von $(180 - \rho_1)$, die Erhöhung der Phasenverschiebung zwischen Strom und Induktionsfluß, dem entgegenwirkt. Daher liegt es nahe, Φ_y für den Anlauf so gering zu machen, daß die EMK E_a' unter der kritischen Grenze bleibt und das erforderliche Drehmoment durch Vergrößerung des Arbeitsstromes zu erzielen, die für kurze Zeit sehr weit getrieben werden kann [vgl. Nr. 179 550 (26. IX. 1905) A. E.-G. S. 90].

Im Gegensatz hierzu steht das Verfahren, die **Wirkung** von Φ_y, den Strom J_{k_a}, durch Widerstände zwischen den Stromwenderlamellen und den Wicklungsspulen zu bekämpfen (vgl. M. Milch: Über die zukünftige Entwicklung der Einphasen-Reihenschluß-Motoren, E.K.B. 1910, S. 521).

Die in den Patentschriften vorgeschlagenen **Anlaß-Schaltungen** richten sich vor allem nach der **Dauerbetriebsschaltung**, die schließlich erreicht werden soll, und zerfallen daher in solche für

α) N. K. Motoren,

β) R. K. Motoren.

Da aber der N. K. Motor dem R. K. Motor und dem Ind. R. Motor nahesteht, so werden naturgemäß beide Arten der Reihenschaltung für seinen Anlauf benutzt.

b) Nebenschluß-Kurzschluß-Motoren, als Ind. R. Motoren angelassen.

Bei der Verwendung des Ind. R. Motors zum Anlassen findet der umgekehrte Vorgang statt, wie er S. 41 zu Abb. 26 beschrieben worden ist. Eine derartige Schaltung findet sich zuerst in

(+) **Nr. 197 605 (10. III. 1904) F. G. L.,**

wo auch der regelbare Widerstand nicht fehlt. Die Achse der Ständerwicklung ist zunächst je nach dem gewünschten Drehmoment gegen die eine Bürstenachse um einen kleinen Winkel verschoben, der im Betriebe gleich Null gemacht werden kann.

Dabei ist offenbar an die Umschaltung der Ständerwicklung (vgl. Nr. 162 412 ff. der F. G. L.-W. S. 73) gedacht. Diesem gelöschten Patent entspricht fast ganz die Schaltung von

Nr. 195 580 (6. IV. 1904) F. G. L. (Abb. 94)

unter Beseitigung des unzweckmäßigen und unnötigen Anlaßwiderstandes. »Beim Anlauf wird die Achse A B der Ständerwicklung je nach der Drehrichtung um einen gewissen Winkel β verstellt, um kleinere Ströme zu erhalten. Der Schalter c ist beim Anlassen offen und der Kontakt C in D. Der Motor läuft dann als Ind. R. Motor mit Doppelbürsten an. Nachdem eine gewisse Geschwindigkeit erreicht ist, wird der Schalter c geschlossen, allmählich der Nebenschlußtransformator eingeschaltet und schließlich Winkel β = 0 gemacht. Der Motor läuft als kompensierter N. K. Motor weiter. Daß der Einfachheit wegen, um die Verbindung zwischen je zwei Bürsten nicht zu unterbrechen, die Kompensierungsspannung auch an den Arbeitsbürsten liegt, kann nur eine kleine Änderung der Drehzahl verursachen. Nachteilig

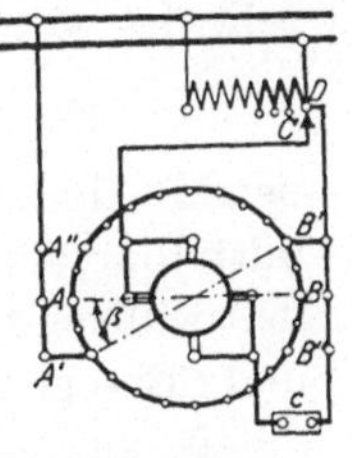

Abb. 94.

für die erforderliche Größe des Transformators ist aber, daß auch der Läuferarbeitsstrom seine Sekundärwicklung durchfließt. Eine ganz ähnliche Schaltung (Abb. 95) wird in

Nr. 199 880 18. VI. 1904 (Anm. Frankr. 19. VI. 1903)
Latour

angegeben. Sie ist auch ETZ. 1904, S. 952 behandelt, wobei schon auf die großen Vorteile der Doppelbürsten hingewiesen wird. Beim Anlauf entspricht die Schaltung genau der des Déri-Motors. Nach dem Anlauf wird c unmittelbar oder über allmählich zu verringernde Widerstände kurzgeschlossen. Indessen dürfte der Motor kaum als kompensierter N. K. Motor arbeiten, sondern wie der Motor nach Nr. 182 655, B. B. & Cie. S. 79 die Reihenschlußcharakteristik mit begrenzter Drehzahl nach Kurve I' I'' (Abb. 30) besitzen.

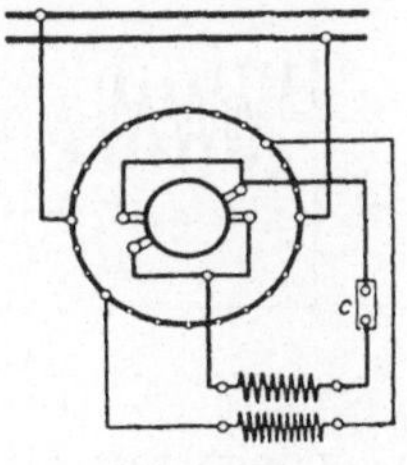

Abb. 95.

Eine auffallende Ähnlichkeit mit dieser Schaltung hat die von Lehmann (Abb. 53) Nr. 168 565 (1) vorgeschlagene (S. 75) und besonders Nr. 167 887 im Anlauf, wo der Transformator als Drosselspule wirkt, zumal wenn man bedenkt, daß auch hier der Winkel ζ der Läuferachse „gleich der Hälfte des Winkels ist, unter dem die Kompensierungsspannung entnommen wird." (vgl. S. 75).

In

Nr. 168 992 (31. VII. 1904) F. G. L.

wird das Anlassen von N. K. Motoren als Ind. R. Motoren mit Doppelbürsten nochmals geschützt, ausdrücklich wegen der Vorteile für die Stromwendung.

[SW]

Nr. 211 209 (28. VII. 1908) F. G. L.

betrifft denselben Zweck, nur sind die Arbeitsbürsten nicht unmittelbar, sondern über einen Reihentransformator verbunden, der während der Reihenschaltung das Verhältnis von Arbeits- und Erregerstrom zu regeln gestattet, in der Nebenschluß- schaltung dagegen die an die Erregerbürsten gelegte konstante Spannung wie in Abb. 94 auch auf die Arbeitsbürsten überträgt. Der Motor soll besonders für Aufzüge geeignet sein.

c) N. K. Motoren als R. K. Motoren angelassen.

Für den Betrieb von Aufzügen ist in erster Linie von den F. G. L.-W. die nachfolgende einfache Schaltung (Abb. 96) benutzt worden [vgl. Osnos, ETZ. 1907, S. 336, 358 (besonders S. 338 Abb. 10)], bei der zum ersten Male der R.K. Motor mit Läufererregung zum Anlassen des N. K. Motors dient, jedoch nicht mit dem dargestellten selbsttätigen Schalter (vgl. später Nr. 192 434)

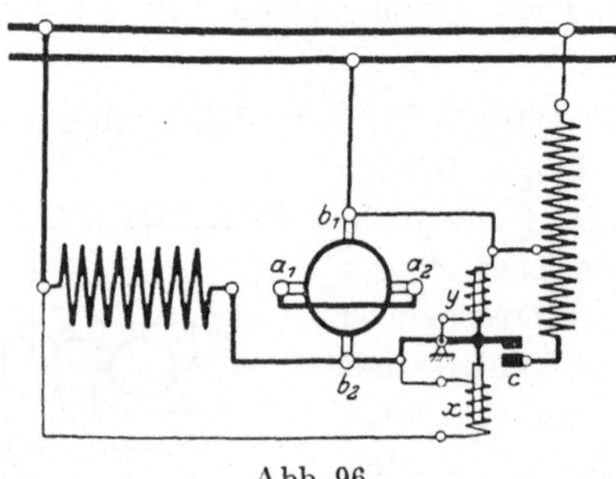

Abb. 96.

sondern mit einem Fliehkraftschalter, der in der Nähe der Synchrongeschwindigkeit die Erregerbürsten an die kleine konstante Spannung anschließt. Dadurch entsteht der N.K.Motor in einer

Schaltung, die genau der Abb. 16 entspricht. Daß, wie dort ein
Teil der Ständerwicklung, so hier die Sekundärwicklung des Transformators von der vektoriellen Differenz des Ständerarbeitsstromes
und des Nebenschlußerregerstromes durchflossen wird, kann aber
die Bezeichnung als „Doppelschluß"-Motor nicht rechtfertigen.

D. R. P. Nr. 190 287 (31. VII. 1904) F. G. L.

Die kräftige Bremswirkung bei geringer Überschreitung der
Synchrondrehzahl wird hervorgehoben. ≫Das Anlassen des kompensierten N. K. Motors als R. K. Motor ist bekannt. Die vorliegende
Einrichtung unterscheidet sich von den früheren vorteilhaft dadurch, daß der Übergang von einer Schaltung zur anderen ohne
Stromunterbrechung im Hauptkreise erfolgt.≪ Wichtig ist, daß
auch der Erregerstrom nicht unterbrochen wird. Dieses richtige
und wichtige Kriterium wirft aber ein eigentümliches Licht auf
manche der vielen später zum Patent angemeldeten Schaltungen.
     Es ist berücksichtigt in

Nr. 188 238 (4. IX. 1904) F. G. L.,

dem zufolge noch eine Y-Ständerwicklung angebracht werden soll,
die beim Anlassen allein eingeschaltet ist, im Dauerbetrieb aber
in Reihe mit der Läufererregerwicklung an die konstante Nebenschlußspannung gelegt wird, wobei an die notwendig eintretende
Wirkung nach Art der Zusatzwicklung von Arnold & la Cour
jedenfalls noch nicht gedacht ist.
     Um die noch häufig wiederkehrende Verwendung einer be-
sonderen Ständererregerwicklung für den Anlauf zu verstehen,
muß man bedenken, daß die Verwendung des Reihenerreger-
transformators für den R. K. Motor mit nur einer Erregerwicklung
der A. E.-G. durch D. R. P. 195 553 und Nr. 206 444 (vgl. S. 83,
Abb. 60 und 61) geschützt ist. Da aber von den F. G. L.-W. der
Reihentransformator überhaupt nur zum Ausgleich verschiedener
Windungszahlen benutzt wird (vgl. später Nr. 197 824), so könnte
man auch vermuten, daß seine Bedeutung für die Feldschwächung
im Beginn des Anlaufs nicht erkannt wurde, da nicht nur in
Nr. 190 647 (vgl. später), sondern noch ETZ. 1907, S. 340 behauptet wird, daß auf eine Kommutatorlamelle nur eine Läufer-
windung entfallen dürfe.

9*

Bei dem gleichzeitig angemeldeten

D.R.P. Nr. 189 074 (4. IX. 1904) (vgl. S. 118)

wäre keine Umschaltung ohne Unterbrechung der Erregung möglich, wohl aber nach den Zusätzen [vgl. S. 118, Abb. 87 und ETZ. 1907, S. 340, Abb. 12].

Während nach

Nr. 194 092 (22. X. 1904) Zus. zu 190 287

der Schalter, der die Nebenschlußerregung herstellt, durch ein Zeitrelais betätigt werden soll, wird in

Nr. 192 434 (22. XI. 1904); Zus. zu 190 287

die Magnetschaltung der Abb. 96 angegeben, mit der in geschickter Weise die Verschiebung der Spannungsverteilung zwischen den beiden Wicklungen beim Anlauf des R.K.Motors ausgenutzt wird. Die Spule y liegt parallel zur Erregerwicklung, die im Stillstand den größten Teil der Klemmenspannung aufnimmt, während bei synchroner Geschwindigkeit die Spannung an der Ständerarbeitswicklung, der die Spule x parallel geschaltet ist, fast gleich der Netzspannung wird, so daß durch den überwiegenden Einfluß von x der Schalter c geschlossen wird. In Wirklichkeit wird nach ETZ. 1907, S. 361 der feststehende Schalter durch einen Fliehkraftregler betätigt.

Nr. 197 824 (9. IX. 1905) F.G.L.; Zus. zu 190 287.

≫Bei dem Verfahren nach dem Hauptpatent sind im allgemeinen z w e i Transformatoren nötig, ein Reihentransformator — aber nach ETZ. 1907, S. 340 nur bei v e r s c h i e d e n e n W i n d u n g sz a h l e n auf Ständer und Läufer — um ein günstiges Verhältnis zwischen den Arbeits- und Erreger-AW beim Anlauf zu erzielen, und ein Nebenschlußtransformator zur Herstellung der konstanten Geschwindigkeit. Nach der Erfindung soll ein Transformator für beide Zwecke der Reihe nach dienen (Abb. 97), wobei der Übergang von einer Schaltung zur anderen ohne Unterbrechung des Stromkreises erfolgt. Das Verhältnis $\dfrac{N_{t_1}}{N_{t_2}}$ des Teiles, der beim Anlauf als Reihentransformator dient, kann so eingestellt werden, daß das Verhältnis der AW am günstigsten wird, während das Verhältnis $\dfrac{N_{t_1} + N_{t_2}}{N_{t_3}}$ für den Dauerbetrieb, bei dem der Schalter c geschlossen ist, so gewählt wird, daß der Läufer die richtige Nebenschlußspannung erhält. ≪ Gegenüber dieser Schaltung erscheint es noch sparsamer, in bekannter Weise außer dem einspuligen Reihentransformator nur eine kleine Hilfswicklung auf dem Ständer zur Erzeugung der geringen Nebenschlußspannung zu benutzen.

Den Reihentransformator auch in dem Falle zu ersparen, daß die wirksamen Windungszahlen auf Ständer und Läufer verschieden sind, soll augenscheinlich auch die Schaltung nach

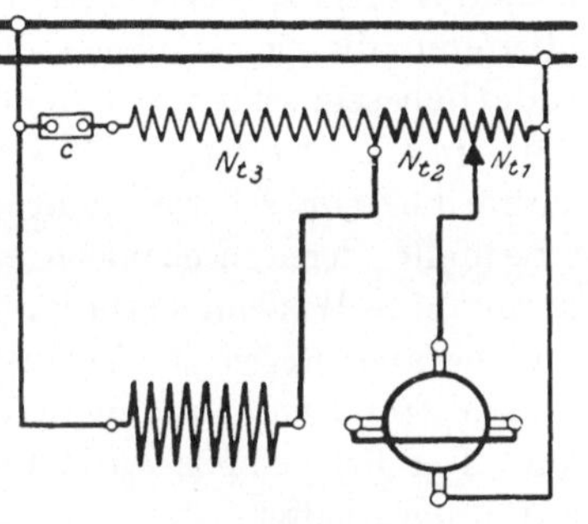

Abb. 97.

Nr. 194 093 (14. IX. 1905) Zus. zu **190 287**

ermöglichen. ≫Die Hilfswicklung auf dem Ständer, die während des normalen Betriebes an Stelle eines Nebenschlußtransformators benutzt wird, schaltet man nach Abb. 98 für den Anlauf der Hauptständerwicklung entgegen, um das richtige Verhältnis zwischen den Arbeits- und Erreger-AW herzustellen. Die Umschaltung erfolgt wieder ohne Stromunterbrechung. ≪ Da die Nebenschlußspannung gegenüber der Ständerspannung sehr gering ist, muß dieses Mittel unwirksam sein.

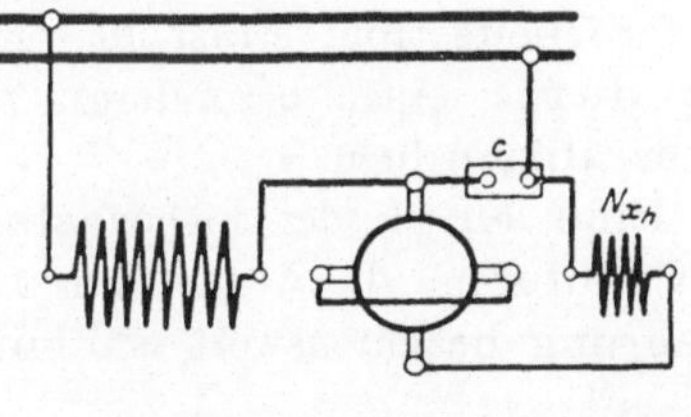

Abb. 98.

Nach

Nr. 190 647 (9. VIII. 1906) **F. G. L.**

sollen die Arbeitsbürsten des kompensierten N.K. Motors eine Spannung, die in Phase mit der Netzspannung ist, erhalten zu dem „neuen Zweck", die Leistung des Motors zu erhöhen, [+ L] während bisher aus den Patenten der A. E.-G. und von Punga diese Schaltung zum Zwecke der Geschwindigkeitsregelung bekannt war. Da aber die Leistung eben durch die Erhöhung der Geschwindigkeit vergrößert werden soll, bzw. nur durch letzteres die Leistungsaufnahme vergrößert werden kann, so ist darin etwas neues nicht zu erblicken, selbst wenn wie in den angegebenen Schaltungen die einmal eingestellte Läuferarbeitsspannung unveränderlich sein sollte. Der neue Zweck wird damit begründet, daß die im Läufer erzeugte EMK E'_{x_2} durch die Abmessungen der Maschine begrenzt sei, vor allem durch den Kommutator, da auf eine Lamelle, deren mechanisch erforderliche Mindestbreite festliegt, nur eine Windung entfallen dürfe. Die Stromstärke zu erhöhen, ist aber wegen der Verluste nicht möglich, daher bleibt nur das Mittel, dem Läufer elektrische Leistung von außen zuzuführen. Der Erregerkreis wird in der bekannten Weise nach dem Anlauf umgeschaltet.

In engem Anschluß an den Gedankengang dieser Patentschrift wird in

Nr. 190 648 (14. X. 1906) **F. G. L.**

noch ausgeführt, daß die äußere Läuferarbeitsspannung nur gleich dem Ohmschen Spannungsabfall gemacht werden soll, den der Läuferarbeitsstrom verursacht. Es dürfte aber zu kostspielig sein, nur dafür einen besonderen regelbaren Nebenschlußtransformator anzuordnen.

Eine Kritik der bisher stets benutzten Umschaltung für N. K. Motoren, die wegen der vorliegenden langen praktischen Erfahrung beachtenswert ist, enthält

Nr. 205 510 (11. IV. 1908) **F. G. L.**

»Das Verfahren (Abb. 96) bedingt einen Schalter, der in den meisten Fällen selbsttätig sein muß, und es besteht die Gefahr, daß der Motor durchgeht, wenn der Schalter versagt. Auch Stromstöße sind nicht immer ausgeschlossen.«

In merkwürdigem Gegensatz zu allen bisherigen Bestrebungen, die Drehzahl möglichst von der Belastung unabhängig zu machen, wird nun zur Beseitigung des Mangels vorgeschlagen, die Erregerbürsten in Reihe mit einem Nebenschluß- und einem Reihentransformator zu schalten. Dies ist aber aus D.R.P. Nr. 195 553 der A. E.-G. (Abb. 61) und auch Nr. 189 074 der F. G. L.-W. selbst längst bekannt, und in dem kurz vor diesem [Nr. 205 510] angemeldeten Patent Nr. 208 802 (4. IV. 1908) wird gerade gesagt, daß sich der Motor in dieser Schaltung mehr wie ein Reihenschlußmotor verhält. Es erübrigt sich also darauf einzugehen. Dasselbe gilt von

Nr. 206 799 (23. IV. 1908) **F. G. L.,**

wo die gleiche Schaltung für Motoren nach Nr. 190 647/48 (S. 134) angegeben wird, deren Läuferarbeitswicklung eine äußere Spannung erhält. Es sind hier drei verschiedene Transformatoren nötig, von denen einer unter Umständen durch eine Hilfswicklung auf dem Ständer ersetzt werden kann.

Eine neuartige Vorrichtung zum Anlassen und Umsteuern des Doppelschlußmotors findet sich noch in 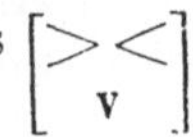

Nr. 203 204 (3. V. 1908) **F. G. L.** (Abb. 99),
Zus. zu **198 317** (20. IX. 1905) (S. 121).

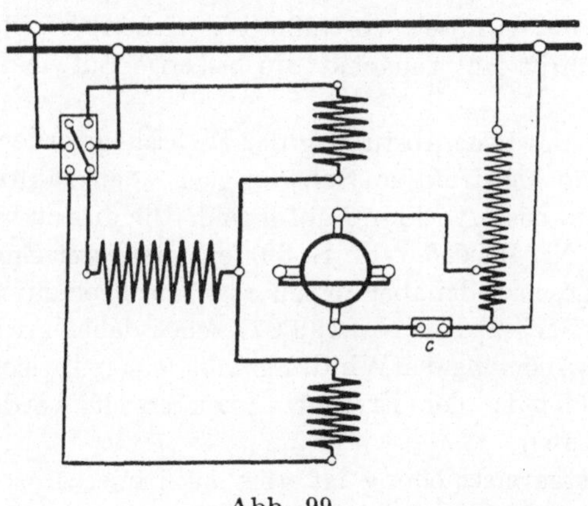

Abb. 99.

Außer der Nebenschluß-Läufererregung für Dauerbetrieb sind zwei Reihenerregerwicklungen auf dem Ständer vorhanden. Die Stromrichtung in der Ständerarbeitswicklung kann nun durch den Umschalter umgekehrt werden, während der räumliche Richtungssinn der Erreger-AW stets derselbe bleibt. so daß auch die Anschlüsse der Erregerbürsten nicht vertauscht zu werden brauchen. Diese Art der Umschaltung könnte nur in Frage kommen, wo die Einfacheit der Schaltung wichtiger als die Einfachheit und Billigkeit des Motors ist.

Auf die schon aus dem Hauptpatent (198 317) bekannte Schaltung läßt sich auch eine Erfindung

Nr. 218 579 (D.R.P. 12. III. 1909) (Ver. St. 13. III. 1908)
A. E.-G.

zurückführen. Der Motor wird danach als Atkinson-R. K. Motor angelassen, für den Dauerbetrieb werden außerdem die dafür vorgesehenen Erregerbürsten in Reihe mit einer weiteren Y-Wicklung auf dem Ständer, die als Zusatz-Wicklung nach Arnold & la Cour die Geschwindigkeitsregelung ermöglicht, an einen kleinen Teil der Netzspannung angeschlossen.

Gegenstand von

Nr. 204 145 (16. V. 1908) **Arnold & la Cour;**
Zus. z. 165 053 (25. V. 1904) (vgl. S. 88 u. 109)

[v] ist es, zu zeigen, wie die Geschwindigkeitsregelung durch die Zusatzwicklung technisch vorteilhaft ausgeführt werden kann. Die Patentschrift faßt zunächst die bisherige Entwicklung kurz zusammen:

≫Wenn eine feine Abstufung der Drehzahl gefordert wird, so bietet das die konstruktive Schwierigkeit, daß zahlreiche Anschlüsse an die Zusatzwicklung nötig sind. Um dies zu vermeiden, ist in Zusatz Nr. 165 055 (vgl. S. 89) ein drehbarer Zusatztransformator vorgesehen, der aber zu teuer ist, um allgemein verwendet zu werden. Nach Zusatz Nr. 199 077 sollen daher grobe Abstufungen durch Änderung der Windungszahl, feinere Zwischenstufen durch Verschiebung der Erregerbürsten erzielt werden (Dreibürstenschaltung).

Die Bürstenverschiebung ist aber auch unerwünscht; nach der vorliegenden Erfindung soll daher die konstruktive Anordnung der Zusatzwicklung und der Steuerung ermöglichen, die Anzahl der Geschwindigkeitsstufen zu vermehren, ohne daß die Anzahl der Wicklungsanschlüsse vergrößert wird.

1. Die Zusatzwicklung wird als umlaufende Gleichstromwellenwicklung ausgeführt, so daß man bequem Anschlüsse ein beliebiger Anzahl herstellen kann.

2. Eine kleine Drosselspule dient im allgemeinen dazu, den völligen Kurzschluß einer Wicklungsabteilung beim Übergang von einer Stufe zur nächsten zu verhindern. Diese Drosselspule kann dazu dienen, Zwischenstufen der Geschwindigkeit dadurch zu erzielen, daß man sie dauernd in Reihe mit der Zusatzwicklung geschaltet läßt, nachdem oder bevor deren Windungszahl um eine volle Stufe verändert worden ist. ≪

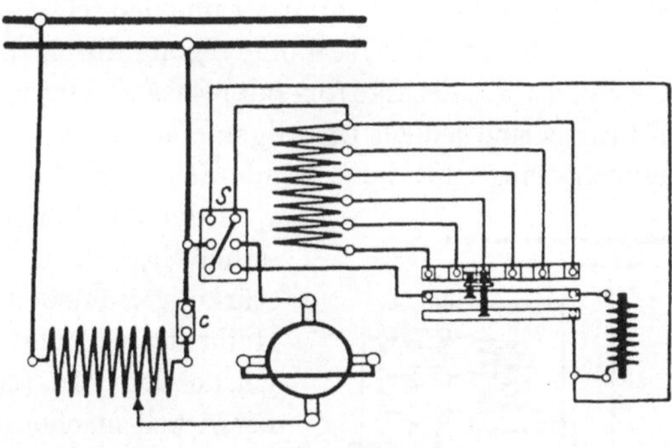

Abb. 100.

Die Wirkung der Drosselspule, die zuerst von Creedy zur Geschwindigkeitsregelung benutzt wurde, ist S. 105 zu Abb. 79 erläutert. ≫Macht man die Induktivität der Drosselspule halb so groß als die einer Abteilung der Zusatzwicklung, so kann man die Zahl der Geschwindigkeitsstufen verdoppeln, durch Unterteilung der Drosselspule sie vervielfachen.≪

In Abb. 100 ist die gesamte Schaltvorrichtung dargestellt. Durch den doppelpoligen Umschalter wird die Stromrichtung in der Zusatzwicklung umgekehrt. Die Anlaßschaltung stimmt mit der nach Nr. 190 287 (F. G. L.-W.) (Abb. 16 und 96) überein, der Schalter c ist für den Anlauf geöffnet. Drei weitere Abbildungen der Patentschrift zeigen, wie sich die Erfindung noch technisch ausgestalten läßt.

Die Ausführung der Zusatzwicklung als gleichmäßige verteilte Wicklung hat außer dem angegebenen jedenfalls auch den Vorteil, daß sie in der räumlichen Verteilung der MMK mit der Läuferwicklung besser übereinstimmt, und dadurch der Übelstand vermieden wird, der sich nach Abb. 84 bei untersynchronem Betriebe ergibt.

Im ganzen muß man sagen: Durch die vielen Hilfseinrichtungen, die aus Abb. 100 nicht alle erkennbar sind, ist der Maschine die Einfachheit verloren gegangen, die in den meisten Fällen wertvoller als eine sehr feine Abstufung der Drehzahl sein dürfte. In dieser Beziehung ist ein großer Fortschritt in

Nr. 208 308 (20. IX. 1908) Zus. zu **165 053**

zu erblicken. ≫Nach dem Hauptpatent und den früheren Zusätzen müssen die N.K.Motoren mit Reihenerregung durch den Ständerstrom unter Benutzung der Läufer- oder Zusatzwicklung anlaufen. Diese Wicklungen sind jedoch im allgemeinen nicht für unmittelbare Reihenschaltung mit der Ständerarbeitswicklung geeignet, weil die Windungszahlen und daher Spannung und Stromstärke verschieden sind; ein Reihentransformator aber würde den Anlaßapparat zu verwickelt machen. Daß dagegen Läufer- und Zusatzwicklung für unmittelbare Reihenschaltung eingerichtet sind, weist auf die Schaltung des Atkinson-Ind.R.Motors (Abb. 38) hin.≪ Bisher ist nur der Ind.R.Motor mit Läufererregung zum Anlassen des N.K.Motors benutzt worden [vgl. Abb. 94 und 95].

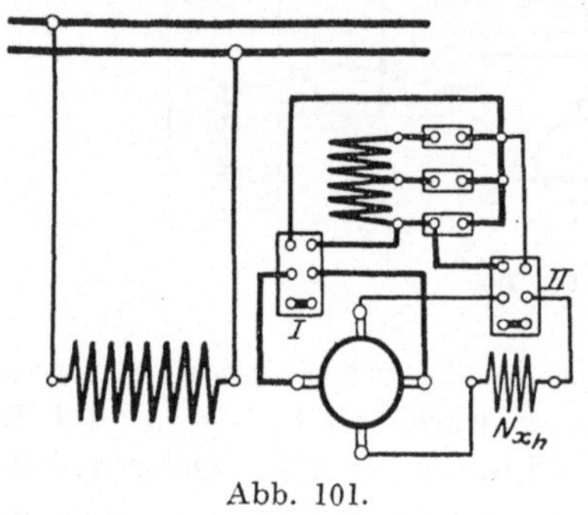

Abb. 101.

Nach Abb. 101 ist beim Anlauf Umschalter I nach oben gelegt, Umschalter II offen. Nach dem Anlauf wird II nach unten gelegt, wodurch die Erregerbürsten über die Hilfswicklung N_{x_h} geschlossen werden. Die Zusatzwicklung wird nun ausgeschaltet und die Läuferarbeitswicklung durch den Umschalter I kurzgeschlossen; dann ist der kompensierte N.K.Motor vorhanden. Um die Geschwindigkeit zu regeln, wird Umschalter II nach oben gelegt, und die Zusatzwicklung nach und nach eingeschaltet. Dieses Verfahren paßt sich theoretisch dem Wesen des Motors sehr gut an; die Schalter müssen aber so gestaltet sein, daß bei den mehrfachen Umschaltungen nirgends Stromunterbrechung eintritt; und das ist denkbar, weil die Bürstensätze, von der Regelung der Zusatzwicklung abgesehen, während jeder Umschaltung kurz

geschlossen werden können. Die Umschaltung der Stromrichtung
in der Zusatzwicklung erfordert noch einen Umschalter. — Die
in Nr. 205 510 (F. G. L.) berührte Frage, wie das Durchgehen des
Motors in der Anlaß-Schaltung verhindert werden kann, wird
von den Erfindern nirgends behandelt, ist aber für die vielseitige
Verwendung eines solchen Motors zweifellos sehr wichtig. Dagegen
wird erwähnt, daß ein Teil der Zusatzwicklung dauernd mit der
Läuferarbeitswicklung in Reihe geschaltet sein kann. Dadurch
entsteht eine Doppelschlußschaltung, die bei untersynchroner
Geschwindigkeit vorteilhaft sein kann, um den Nebenschlußerregerkreis zu entlasten, denn der Erregerstrom steigt (vgl. S. 111)
außerordentlich rasch und stark, wenn die Zusatzwicklung gegen
die Läuferrerregerwicklung geschaltet wird.

Elftes Kapitel.

Anlaß-Schaltungen für Reihen-Kurzschluß-Motoren (5 β).

Zum Entwurf besonderer Anlaß-Schaltungen für diese Motoren konnte nur das Bestreben führen, das einfachste und natür-
lichste Verfahren zu umgehen, das in dem W.E.L.Motor mit Reihentransformator verkörpert ist. Daher werden für den Anlauf entweder die Erregerbürsten ausgeschaltet,
oder der Reihentransformator wird
vermieden.

Letzteres soll nach

Nr. 178 857 (23. VIII. 1904) F. G. L.

dann ermöglicht werden, wenn zwei
oder mehr Motoren gemeinsam zu
regeln sind. Bei zwei Motoren soll
der normale Induktionsfluß Φ_y für
den Dauerbetrieb durch den doppelten
Ständerarbeitsstrom eines Motors
erzeugt werden, indem die Ständer-

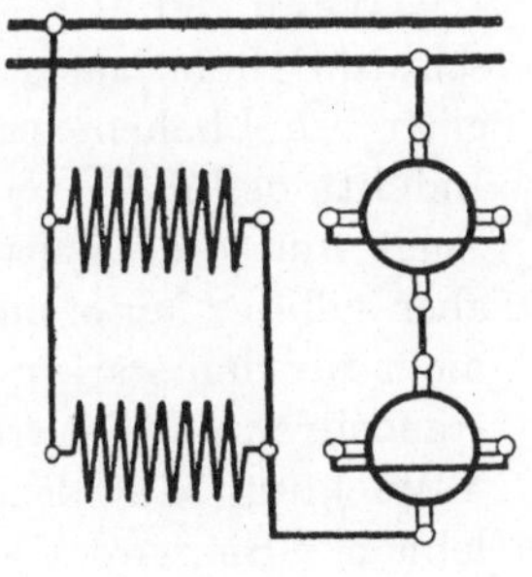

Abb. 102.

arbeitswicklungen zueinander parallel mit den einzelnen Erregerwicklungen in Reihe geschaltet werden (Abb. 102). Für den Anlauf

dagegen sollen die Motoren einzeln an das Netz gelegt werden, so daß der Arbeitsstrom je eines Motors einen schwächeren Induktionsfluß Φ_y erzeugt. Abgesehen davon, daß eine solche Regelung gerade bei Bahnbetrieb, wo der angenommene Fall eintritt, ganz ungenügend wäre, ist sie aus folgendem Grunde unbrauchbar: Indem die Windungszahl der Ständerarbeitswicklung, die bei synchroner Geschwindigkeit fast die ganze Klemmenspannung verbraucht, entsprechend höher als die der Läuferwicklung gewählt wird, läßt sich zwar erreichen, daß im normalen Betriebe die Erreger-AW $2\,J_{x_1}\,N_{y_2}$ ungefähr ⅓ bis ¼ der Ständer-AW $J_{x_1}\,N_{x_1}$ ausmachen; da aber bei Stillstand die Erregerwicklung einen großen Teil der Klemmenspannung aufnehmen muß, so würde bei der beabsichtigten Einzelschaltung der Strom ganz unzulässig groß werden, weil gerade die Windungszahl der Läuferwicklung für eine viel geringere EMK E' berechnet ist, als die Ständerwicklung. Wenn daher nicht ein regelbarer Haupttransformator vorhanden ist, würde es noch besser sein, auch beim Anlassen die beiden Erregerwicklungen in Reihe zu schalten.

Die beiden folgenden Patente können als erste Versuche angesehen werden, die Geschwindigkeitsregelung bei den R.K.-Motoren von den Schwierigkeiten zu befreien, die der Stromwender verursacht.

[SW]

Nr. 170 991 (23. VIII. 1904) F. G. L.

Wenn der R.K.Motor mit Läufererregung mit geringer Geschwindigkeit laufen muß, so ist der Stromwender längere Zeit einer erheblichen Spannung ausgesetzt. Deshalb soll dann der Induktionsfluß Φ_y von einer Hilfswicklung auf dem Ständer erzeugt und die Läuferwicklung ausgeschaltet werden. Anlaufen aber soll der Motor mit Läufererregung, damit die Hilfswicklung nicht für den starken Strom bemessen werden muß, den das Stillstandsdrehmoment erfordert. Nur für den erstrebten Zweck eine Y-Wicklung auf dem Ständer anzubringen, würde aber kaum lohnen. Sie wird besser ausgenutzt nach

Nr. 167 142 (22. XI. 1904) F. G. L.

Es wird an den Fall gedacht, daß dieselben Motoren für Güter- und Personenzüge verwendet werden sollen; dabei kann stark übersynchrone Geschwindigkeit notwendig werden. Dann arbeitet der Kond.R.Motor mit Gegenwicklung am besten. Deshalb wird eine Steuerwalze mit drei Stufen vorgesehen (Abb. 103).

I. Geringe Geschw. — Atkinson-R.K.Motor.

II. Synchrone Geschw. — W.E.L.Motor.

III. Hohe Geschw. — Kond.R.Motor.

Außer dem Nachteil, daß die Erregerbürsten bei Stufe III abgehoben werden müssen, um die Funkenbildung zu vermeiden, steht der Verwendung der Reihenschluß-Schaltung noch der Um-

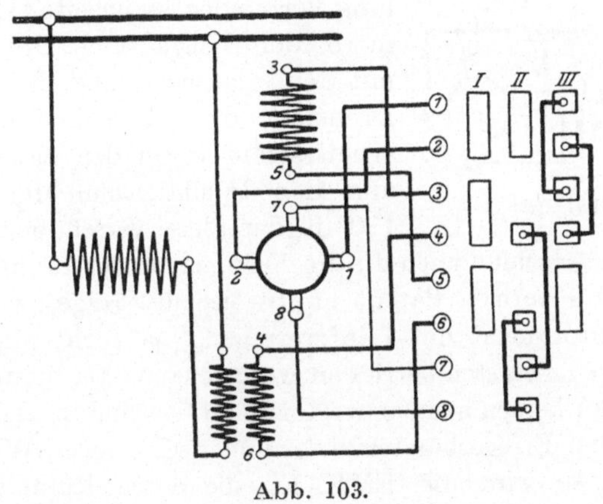

Abb. 103.

stand entgegen, daß der Reihentransformator dann nicht wie bei I und II nur als Erregertransformator zu dienen hat, sondern dauernd die ganze elektrische Leistung übertragen und daher sehr groß sein muß. — Über die Umschaltung des Kond.R.Motors in den R.K.Motor bei niedriger Geschwindigkeit vgl. Revue el. T. XVI. Nr. 181, p. 25.

Ein anderer interessanter Übergang vom Kond.R.Motor zum R.K.Motor wird in

Nr. 182 061 (22. VIII. 1905) F. G. L.

vorgeschlagen (Abb. 104). Damit das Drehmoment beim An- [+ D] lauf möglichst groß wird, soll der Motor als Kond.R.Motor mit Gegenwicklung angelassen werden, so daß der Induktionsfluß Φ_y mit dem Läuferarbeitsstrom möglichst phasengleich ist. Durch den Schalter c soll im Betriebe zugleich die Läuferarbeitswicklung und der Reihentransformator kurzgeschlossen werden, wodurch der [φ] Motor in den R.K.Motor übergeht, der sich durch seinen hohen Leistungsfaktor auszeichnet.

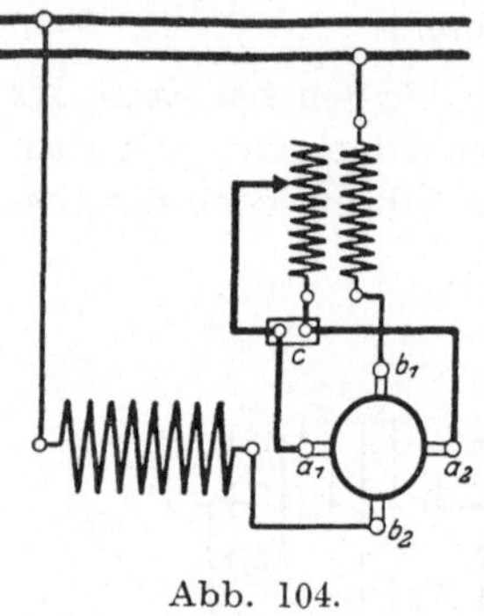

Abb. 104.

Die Schaltung gestattet, auf zweierlei hinzuweisen:

1. Nur weil im Anlauf die Läufer· arbeitswicklung über einen Reihentransformator mit der Erregerwicklung verbunden ist, arbeitet der Motor in beiden Fällen ohne Umschaltung mit dem gleichen, nämlich negativen Drehsinn, da jedesmal der Läuferarbeitsstrom gegen den Erregerstrom und den Induktionsfluß Φ_y um etwa 180° in der Phase verschoben ist.

2. Im Anschluß auch an die Verwendung der Reihenschluß-schaltung im vorigen Patent ergibt sich die Frage, warum ein Kond.R.Motor nicht mit Läufererregung, ja nicht einmal mit offenen Erregerbürsten betrieben werden kann. Da beim Reihen-schluß-Motor keinen nennenswerter Induktionsfluß in der X-Achse die unter den Erregerbürsten $b_1\,b_2$ kurzgeschlossenen Windungen durchsetzt, so wird die EMK E_b'', die durch Rotation dieser Windungen im Induktionsfluß Φ_y erzeugt wird, nicht aufgehoben und mit wachsender Geschwindigkeit immer größer, genau so wie in erwünschter Weise die EMK E_{x_2}'', die in der gesamten Läuferarbeitswicklung, der jene kurzgeschlossenen Windungen angehören, auftritt und die Klemmenspannung unmittelbar verbraucht.

Eine Schaltung, die ebenfalls den eigentlichen Zweck des Reihentransformators für den R.K.Motor beim Anlassen umgeht, wird in

Nr. 185 204 (26. I. 1906)
F. G. L.

gegeben (Abb. 105). Sie gestattet, den Erregerstrom ohne Unter-brechung des Hauptstromkreises in weiten Grenzen zu ändern. Ist der Schalter c geöffnet, so ist ein

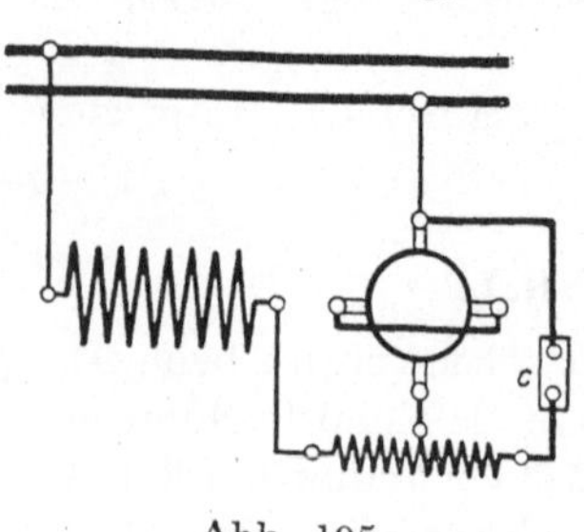

Abb. 105.

Teil des Reihentransformators als Drosselspule in den Hauptstromkreis eingeschaltet, kann also beim Anlassen einen Teil der Klemmenspannung aufnehmen; im Betriebe dagegen kann diese Art der Regelung wegen der Verschlechterung des Leistungsfaktors nicht benutzt werden. Dafür ist eine ebenso einfache Schaltung nach

<h3 style="text-align:center">Nr. 179 092 (26. V. 1906) A. E.-G.</h3>

(Abb. 106) geeigneter, bei der die wirksame Windungszahl der Erregerwicklung verändert wird. Aus Nr. 163 295 (Arnold & la Cour), Fig. 63, ist es schon bekannt, daß durch die Kurzschlußbürsten der Erregerstrom zugeführt werden kann.   Daher wird auch bei dieser neuen Anwendung betont, daß die Stellung der Bürsten ganz verschieden sein kann.   Wichtig ist diese Schaltung, weil sie unmittelbar der Erfindung des Doppelschluß-Kurzschluß-Motors Nr. 200 523   (20. VII. 1906) A. E.-G. (S. 121) vorangeht. Sie kann, wie weitere Figuren der Patentschrift zeigen, auch bei der

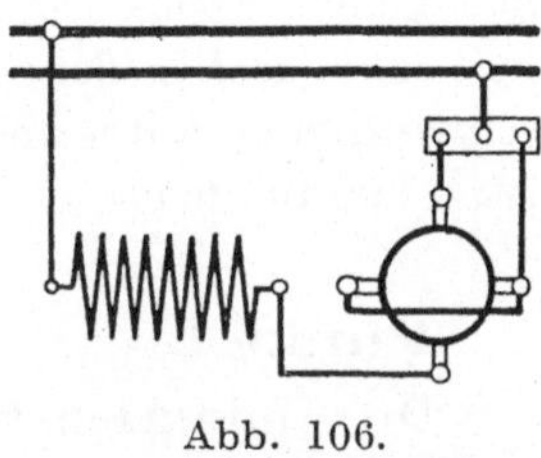

Abb. 106.

Reihen- oder Parallelschaltung zweier Läufer verwendet werden.

In den noch zu behandelnden Patenten zusammen mit dem schon unter (2) (S. 97) besprochenen Nr. 221 379 A. E.-G. ist die Entwicklung einer Erfindung von E. F. Alexanderson (General Electric Co.) niedergelegt, die dieser P.A.I.E.E. 1908, Vol. 27, p. 93 beschrieben hat. Der leitende Gedanke ist derselbe, den die F. G. L.-W. schon viel früher [vgl. Nr. 167 142 (22. XI. 1904) S. 140] auf andere Weise zu verwirklichen gesucht haben. Es soll ein Motor ausgebildet werden, dessen Stromwendung bei allen Geschwindigkeiten befriedigend ist, indem man ihn bei einer bestimmten Geschwindigkeit in derjenigen Schaltung arbeiten läßt, bei der die Stromwendung gerade in dem betreffenden Bereich am besten ist. Indessen findet nach der neuen Erfindung der Übergang von einer Schaltung zur anderen mehr in organischer Weise statt, da die Maschine nie völlig als Konduktions-Reihenschluß-Motor, sondern mindestens zum Teil stets als Induktions-Motor betrieben wird.

Nr. 213 464 15. VII. 1908 (Ver. St. 15. VII. 1907),
A. E.-G.

Eine gründliche Untersuchung der Stromwendung in dieser Patentschrift führt zu den organischen Mitteln, durch die man vom Stillstand bis zur höchsten Geschwindigkeit die Stromwendung befriedigend gestalten kann.   Die Betrachtungen beziehen sich zunächst nur auf die **Atkinson**-Motoren, bei denen die Erregerwicklung auf dem Ständer liegt.

Im Anschluß an Nr. 212 245 A. E.-G. sind die Verhältnisse an den Arbeitsbürsten schon dargestellt worden, (S. 99).

Der EMK $E_a{}'$, die vom Induktionsfluß Φ_y induziert wird, ist die EMK $E_a{}''$ der Rotation, die im Induktionsfluß Φ_x entsteht, nahezu entgegengerichtet; sie wird bei übersynchroner Geschwindigkeit sehr rasch größer als die erstere und gefährlich, da Φ_x der Geschwindigkeit selbst und deshalb $E_a{}''$ ihrem Quadrat proportional ist.   Daraus folgt

Punkt I.

Der Induktionsfluß Φ_x muß bei hoher Geschwindigkeit verringert werden.

Um ferner die Wende-EMK E_{w_a} aufzuheben, die in Phase mit dem Läuferstrom J_{x_2} und also um etwa 90^0 gegen $E_a{}'$ und $E_a{}''$ verschoben ist, müssen die kurzgeschlossenen Windungen

Punkt II.

in einem Induktionsfluß rotieren, dessen Vektor um 180^0 gegen den des Läuferstromes verschoben ist.

Das ist ohne weiteres möglich beim **Atkinson**-Ind.R.Motor (Abb. 38 und 39). S. 51 ist gezeigt worden, daß sich zwar die zeitliche Verschiebung $(180 - \gamma)$ der beiden Induktionsflüsse Φ_{x_2} und Φ_{y_2} vom Stillstand an, wo sie nahezu 180^0 beträgt, allmählich verringert, aber bei allen Geschwindigkeiten größer als 90^0 bleibt. Da aber der Läuferstrom J_{x_2} und E_{w_a} in Phase mit Φ_{y_2} sind, so kann man sagen, daß Φ_{x_2} und daher auch $E_a{}''$ eine Komponente in der J_{x_2} und E_{w_a} entgegengesetzten Richtung besitzen. Das Diagramm (Abb. 39) zeigt, daß die Resultierende der drei EMKK auch bei hoher Geschwindigkeit sehr klein oder gleich

Null sein kann, wenn man Punkt I zu verwirklichen vermag, während sonst der übersynchrone Betrieb nicht möglich ist.

Punkt III.

Im Anlauf muß Φ_y möglichst schwach sein, damit die Transformator-EMK E_a' in den kurzgeschlossenen Windungen, die dann allein auftritt, nicht unzulässig groß wird. Wenn der Läufer eine gewisse Geschwindigkeit erreicht hat, soll dagegen Φ_y verstärkt werden, da sonst der Motor eine zu hohe Drehzahl zu erreichen strebt.

Nach der Erfindung erhält die Ständerarbeitswicklung eine größere wirksame Windungszahl als der Läufer, so daß der Ständerstrom J_{x_1} kleiner ist als der Läuferstrom J_{x_2}. Beim Anlauf wird die Erregerwicklung mit der Ständerarbeitswick-

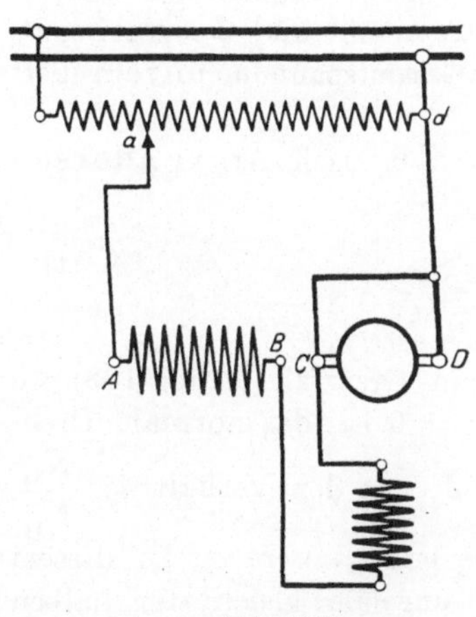

Abb. 107.

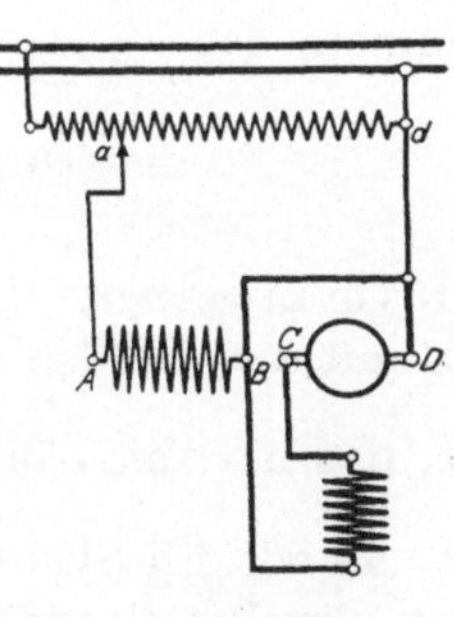

Abb. 108.

lung in Reihe geschaltet (R.K.Motor, Abb. 107) und erhält einen geringeren Strom als nach der Umschaltung bei zunehmender Geschwindigkeit, wobei sie mit der Läuferwicklung in Reihe geschaltet wird (Ind.R.Motor, Abb. 108) und einen stärkeren Induktionsfluß Φ_y erzeugt.

Durch die vorgesehene Schaltung gewinnt man zugleich die Möglichkeit, nach Punkt I den Induktionsfluß Φ_x bei übersynchroner Geschwindigkeit zu verringern. Das Verfahren, einen Teil P_{x_2} der Klemmenspannung dem Läufer unmittelbar zuzuführen, ist zwar bekannt (A. E.-G. — Punga), aber bisher wurden stets ungefähr gleiche Windungszahlen auf Ständer und Läufer vorausgesetzt, und dann ändert sich bei einer Regelung nach Abb. 109 durch Verschiebung des Kontaktes b nur die Verteilung der Spannung und Leistungszufuhr und der Induktionsfluß Φ_x, aber nicht die Geschwindigkeit, konstantes Drehmoment

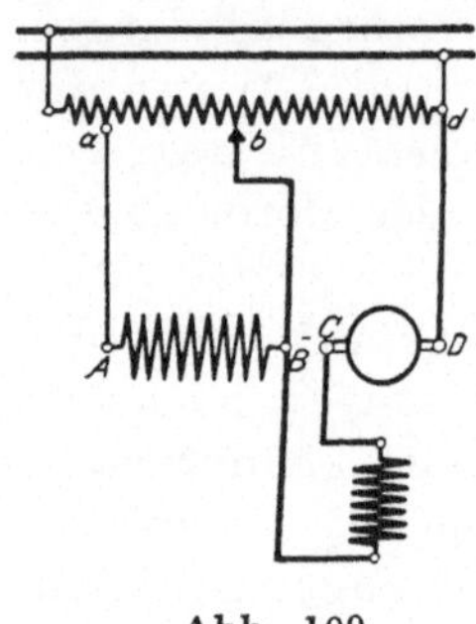

Abb. 109.

vorausgesetzt, weil die dem Läufer zugeführte Leistung konstant bleibt. Die Geschwindigkeit kann in diesem Falle nur durch Änderung der Gesamtspannung (Verschiebung von a) erhöht werden. Nach der vorliegenden Erfindung dagegen wird durch die Verschiebung von b nach links (Abb. 109) zugleich die Geschwindigkeit erhöht und Φ_x verringert, während die Gesamtspannung unverändert bleibt.

Es sei z. B. nach Alexanderson angenommen, daß

$$a = \frac{N_{x_1}}{N_{x_2}} = 2$$

ist, und vorausgesetzt, daß in dem Grenzfall (Abb. 108) wo Punkt B mit d verbunden und $P_{bd} = 0$ ist, das normale Drehmoment, das nur vom Läuferstrom J_{x_2} und dem Verhältnis $\dfrac{N_{x_2}}{N_{y_1}}$ abhängt, gerade bei Synchronismus erzeugt werde. In diesem Falle ist die Rotations-EMK E''_{x_2} ungefähr gleich der halben Motorspannung $\dfrac{1}{2}$ P. Der andere Grenzfall würde eintreten, wenn Punkt B mit a verbunden wäre, so daß die Maschine als Kond.R.-Motor arbeitete. Dann wäre $E''_{x_2} \sim P$; der Motor würde theoretisch bei demselben Drehmoment etwa die zweifache Synchrondrehzahl erreichen, während zugleich $\Phi_x = 0$ werden würde. Letzteres soll aber nicht eintreten, da die vollkommene Stromwendung

$$\Phi_x = \frac{1}{v} \cdot \Phi_y$$

erfordert.

Bei $v = 2$ würde

$$\Phi_x \sim {}^1/_2\,\Phi_y,$$

wenn

$$P_{x_1} = {}^1/_2\,P = P_{x_2}$$
$$E'_{x_2} = {}^1/_4\,P,$$

also

$$E''_{x_2} = {}^3/_4\,P\,(= c\,.\,v\,.\,\Phi y)$$
$$= {}^3/_2\,E''_{x_2\,\text{synchron}}$$

wären.

Φ_y und J_{x_2} müßten dann $\frac{3}{4}$, das Drehmoment $^9/_{16}$ und die Leistung $^9/_8$ des Wertes bei synchroner Geschwindigkeit betragen, und ein Drittel der Leistung würde induktiv dem Läufer zugeführt. In Wirklichkeit ergibt nach Alexanderson $^1/_3$ bis $\frac{1}{4}$ induktive Leistungszufuhr funkenfreie Stromwendung von der synchronen bis zur zweifach synchronen Geschwindigkeit bei einem für den Bahnbetrieb durchgebildeten Motor. Für die Verwendung in Amerika ist es wichtig, daß der Motor als Reihenschlußmotor mit Gegenwicklung für Gleichstrom benutzt werden kann. Man hat nur einen Nebenschluß zur X-Wicklung anzubringen, der etwa einen solchen Teil des Stromes aufnimmt, daß der Unterschied der wirksamen Durchflutungen ausgeglichen wird.

Daß in der vorliegenden Gestalt dem Motor noch technische Mängel anhaften, beweist eine etwas spätere Patentschrift:

Nr. 225 131 (18. XII. 1908) **A. E.-G.**; Zus. zu **213 464** (Ver. St. 17./26. XII. 1907).

≫Den Induktionsfluß Φ_y im Anlauf zu verringern, ist nachteilig, weil die Kurzschlußströme J_{k_a} in den Läuferspulen die Phase von Φ_y verschieben≪ und so schon das Drehmoment verringern (vgl. Abb. 93).

≫Nach der Erfindung wird die Stärke des Induktionsflusses Φ_y selbsttätig begrenzt und seine Phasenverschiebung in weitgehendem Maße verhütet, indem eine Drosselspule parallel zur Erregerwicklung geschaltet wird (zwischen B und C, Abb. 107), die so bemessen ist, daß sie durch den Anlaufstrom gesättigt wird.≪ Diese Anordnung ist aber schon bekannt für den Kond.R.Motor (D.R.P. Nr. 201 199 S.S.-W.), ihre günstige Wirkung ist von R. Richter, ETZ. 1906, S. 133 ff. beschrieben worden.

Wenn im **Dauerbetrieb** nach dem Hauptpatent die Erreger-
[φ] wicklung in Reihe mit der Läuferwicklung liegt (Abb. 108), so
macht sich der geringere Leistungs-
faktor des Atkinson-Ind.R.Motors
(vgl. S. 51) ungünstig bemerkbar. ≫Nach
der Erfindung wird nun bei dieser
Schaltung sogar eine Verbesserung des
Leistungsfaktors erreicht, wenn der Erregerwicklung in Reihe mit der Drosselspule eine Nebenschlußspannung aufge-
drückt wird, wodurch Φ_y und die Arbeits-
EMK der Rotation E''_{x_2} geregelt werden
können≪ (vgl. Abb. 110).

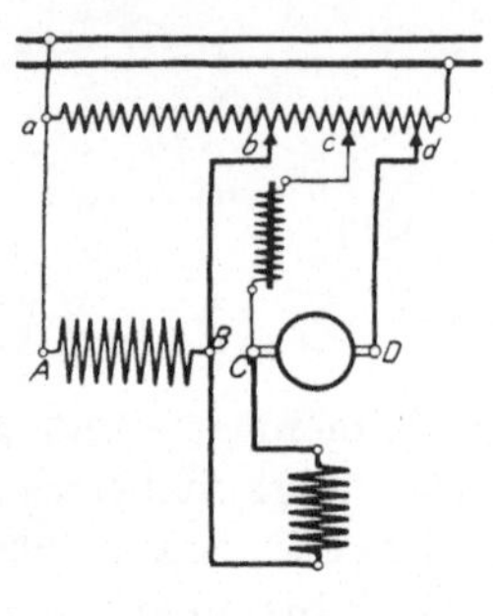

Abb. 110.

Tatsächlich liegt die Drosselspule, wie aus einer in der Patent-
schrift angegebenen Zwischenstufe deutlicher als hier, aber
auch aus der wiedergegebenen Schaltung klar genug zu erkennen ist, **parallel** zu der Läuferarbeitswicklung, wie dies ebenfalls für den Kond.R.Motor schon bekannt ist [D.R.P. Nr. 186 445,
S.S.-W., Abb. 42]. — Unten
ist nachgewiesen, daß diese
Schaltung beim Kond.R.
Motor den Leistungsfaktor
nicht verändern kann. Bei
dem Kond.R.Motor kommt
praktisch nur die Magnetisierungs-EMK E_{y_1} der Erregerwicklung für die Verschiebung von Netzstrom
und Netzspannung in Be-
tracht, bei dem Atkinson-
Ind.R.Motor außerdem die
Magnetisierungs und Streu-
EMKK der Arbeitswicklungen,
die alle vom Netz geliefert
werden müssen (Abb. 39),
da J_{x_2} mit E''_{x_2} in Phase ist.

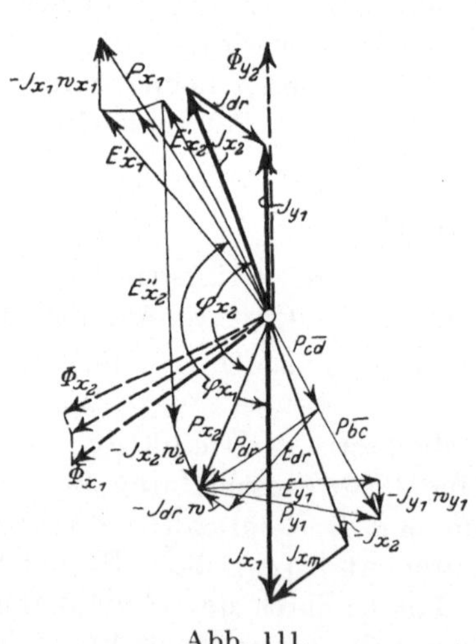

Abb. 111.

Bei dem Kond.R.Motor wird durch die Verschiebung der Phase
von J_{x_2} das Dreieck der EMKK und der Gesamtstrom nicht be-

rührt, bei dem Atkinson-Ind.R.Motor dagegen wird durch J_{x_2} auch J_{x_1} näher an E und P_{x_1} herangeschoben, da der Erregerstrom J_{y_1} nicht wie beim Kond.R.Motor gleich dem Netzstrom ist. Letzteres kommt auch in der verschiedenen Lage des Drosselspulenstromes J_{dr} gegen J_{x_2} zum Ausdruck. In Abb. 111 ist das Diagramm für die Schaltung nach Abb. 110 wiedergegeben, das die eigentümliche Spannungsverteilung erkennen läßt. Gemäß der anfänglichen Festsetzung S. 11 sind die Spannungen am Ständer und Läufer $P_{AB} = P_{x_1}$ und $P_{BD} = \hat{P}_{x_2} + P_{y_1}$ einander im Motor entgegengerichtet, wenn sie auch sekundäre Teilspannungen desselben Transformators sind. Das Diagramm zeigt, daß in der Tat der Leistungsfaktor $\cos \varphi_{x_1}$ gegenüber dem normalen Ind.R.-Motor verbessert ist. Aber es ist zu bedenken, daß bei dem doppelt gespeisten Motor der Ständerarbeitsstrom nicht gleich dem Netzstrom ist. Die sekundäre Durchflutung des Haupttransformators, von der die Phase des Netzstromes J_N abhängt, setzt sich aus den AW des Ständer- und des Läuferstromes zusammen, so daß J_N stets zwischen J_{x_1} und $- J_{x_2}$ liegen muß, je nach der Stellung der Anschlüsse am Transformator näher an dem einen oder dem anderen Vektor.

Das Diagramm bietet noch Gelegenheit, auch graphisch den allmählichen Übergang des Kond.R.Motors in den Ind.R.Motor und umgekehrt nachzuweisen, da es alle früher behandelten Fälle einschließt. Wird E'_{x_2} und P_{CD} zu Null, so ergibt sich das Diagramm des Kond.R.Motors mit Drosselspule (Abb. 42). Wird $P_{BD} = 0$, so erhält man ohne Drosselspule das Diagramm des Atkinson-Ind.R.Motors (Abb. 39).

Eine Verbesserung des Motors wird noch versucht in

> **Nr. 219 253** (D.R.P. 24. XII. 1908) (Ver. St. 26. XII. 1907)
> **A. E.-G.**

und

> **Nr. 207 708** (7. V. 1908) **A. E.-G.**

In der ersteren Patentschrift heißt es:

≫Der Motor nach Nr. 213 464 hat bei allen Geschwindigkeiten eine sehr gute Stromwendung und ist darin bei übersynchroner Geschwindigkeit dem W.E.L.Motor überlegen, dieser hat aber den [φ] Vorzug eines besseren Leistungsfaktors.≪

Die Vorzüge des Alexanderson-Motors sollen mit denen des W.E.L.Motors vereinigt und daher noch Erregerbürsten angebracht werden, die durch einen Reihentransformator vom Läuferarbeitsstrom gespeist werden.

Die praktische Ausführung der Schaltung findet sich in dem zweiten Patent.

Beim Anlauf kann die Läufererregung den Leistungsfaktor nicht verbessern, und auch bei hoher Geschwindigkeit ist sie von geringer Bedeutung, da der Leistungsfaktor dann ohnehin, wie beim Kond.R.Motor, so auch beim Ind.R.Motor mit Ständererrregung gut ist, weil die EMK der Rotation E''_{x_2} die Magnetisierungs-EMK E'_{y_1} [Abb. 39 und 41] bei weitem überwiegt. Bei mittlerer — also etwas synchroner — Geschwindigkeit dagegen ist der Leistungsfaktor nicht befriedigend.

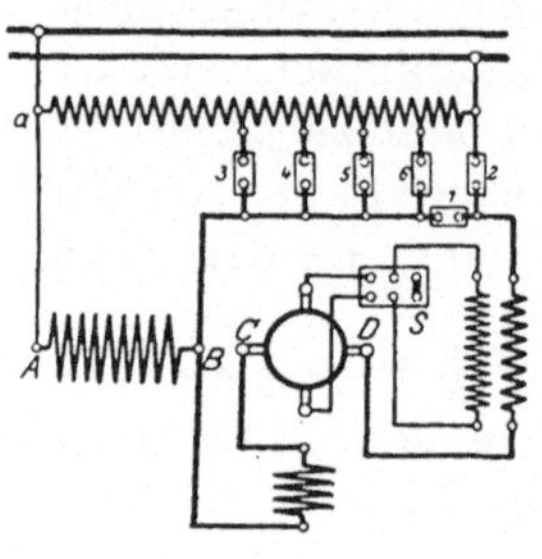

Abb. 112.

Nach Abb. 112 ist der Schaltvorgang in folgender Weise gedacht:

Auf die Umschaltung vom R.K. Motor in den Ind.R.Motor nach dem Anlauf, einen der Hauptpunkte beim ursprünglichen Alexanderson-Motor, wird nach beiden Patenten verzichtet, und der Motor bald als Ind.R.Motor angelassen, wobei Schalter 1 geschlossen, Schalter 2 und der Läufererregerkreis geöffnet sind. Die Schalter 3 bis 6 werden benutzt, um allmählich die Klemmenspannung zu erhöhen.   Nach dem Anlauf können Umschalter S und Schalter 2 geschlossen, Schalter 1 geöffnet werden; indem man die Schalter 6 bis 3 in umgekehrter Reihenfolge bedient, kann man der Läuferarbeitswicklung eine immer höhere Spannung zuführen und so die Geschwindigkeit steigern. Bei hoher Geschwindigkeit wird die Läufererregung unter Umständen wieder abgeschaltet; dann ist der Reihentransformator primär oder sekundär kurzzuschließen.

Die Erregerwicklung auf dem Ständer braucht hier überhaupt nur für die Erzeugung des für den Anlauf erforderlichen Induktionsflusses berechnet zu sein, wobei ja $J_{x_2} = J_{y_1}$ groß ist und daher die Windungszahl klein sein kann.   Bei Betrieb mit mittlerer Geschwindigkeit kann Φ_y durch die Läufererregung verstärkt werden, so daß dieselbe Wirkung wie bei der früher vorgesehenen Umschaltung der Erregerwicklung erzielt wird. Daß die Y-Ständerwicklung jetzt kleiner ausfällt, ist auch der Grund, weshalb schon bei mittlerer Geschwindigkeit der Leistungsfaktor besser wird, obwohl dann die Läufererregerwicklung sich wie beim W.E.L.Motor nur erst ihre eigene Magnetisierungs-EMK erzeugen, aber noch keine nennenswerte voreilende Spannung nach außen abgeben kann.

Ein großer Nachteil der Erregerbürsten wird in der Patentschrift übergangen. Er ergibt sich schon nach Nr. 212 245 A. E.-G. und ist zu Nr. 182 061 (F. G. L.) S. 142 noch besonders für den Kond. R. Motor, dem sich dieser Motor nähert, dargelegt worden.

Will man nicht, wie es in Nr. 167 142 (F. G. L.) S. 140 beabsichtigt ist, bei hoher Geschwindigkeit die Erregerbürsten abheben, so kann man die Stromwendung an den Arbeitsbürsten nicht in dem wünschenswerten Maße verbessern, da sie sich an den Erregerbürsten in demselben Maße verschlechtert.

Nach einer weiteren Figur der Patentschrift durchfließt der Ständerarbeitsstrom die Y-Ständerwicklung, während der Umschalter S so gestellt ist, daß der Reihentransformator entweder den Erregerbürsten oder der Läuferarbeitswicklung einen Teil der Spannung des Haupttransformators zuführen kann. Es scheint dabei erstens nachteilig, daß Ströme verschiedener Phase die beiden Erregerwicklungen durchfließen, ferner, daß nicht zugleich die Läufererregung eingeschaltet und die Spannung an der Läuferarbeitswicklung geregelt werden kann, und drittens, daß letztere die konduktiv zuzuführende Leistung über den Reihentransformator erhält. Damit geht, von den Verlusten abgesehen, der für die erste Schaltung beanspruchte Vorteil wieder verloren, daß der Reihentransformator sehr klein sein kann, weil er dort nur bei mittlerer Geschwindigkeit eingeschaltet wird, und daher nur eine geringe scheinbare und wirkliche Leistung zu übertragen hat.

Hier mögen nur noch einige Angaben über den Betrieb und die praktische Ausführung des ursprünglichen Alexanderson-Motors folgen, wie er in Nr. 213 464, abgesehen von der ebenfalls benutzten Sehnenwicklung nach Nr. 221 379, beschrieben ist (vgl. P. A.I.E.E. 1908, Vol. 27, p. 389 ff.). In der ungewöhnlich inhaltsreichen Diskussion zieht Lamme den Reihenschlußmotor der New-Haven-Bahn zum Vergleich heran, bei dem für das Doppelte des normalen Drehmomentes in Anlauf die magnetische Sättigung 125 % der normalen und der Arbeitsstrom in Läufer- und Erregerwicklung 160 % des normalen beträgt. Demgegenüber betont Alexanderson, daß sein Motor im Anlauf das Doppelte des normalen Drehmomentes bei normalem Induktionsfluß und doppeltem Läuferarbeitsstrom, das normale Drehmoment aber bei 70 % des normalen Induktionsflusses und 140 % des normalen Stromes gibt.

Widerstandsverbindungen sind schon deshalb nicht nötig, weil der Kurzschlußstrom auf eine ganz geringe Zeitdauer beschränkt ist.

Mit der Stromwendung hat sich auch R. Richter, ETZ. 1908, S. 809, 838 in einem Referat über den Alexanderson-Motor beschäftigt, das nur als ein Diskussionsbeitrag vom Standpunkte des Kond.R. Motors aus anzusehen ist [1]).

Zusammenfassend kann man wohl sagen, daß der Alexanderson-Motor (Abb. 112) einen gewissen Abschluß in der Entwicklung des Einphasen-Reihenschluß-Motors darstellt, weil alle wesentlichen Erfindungsgedanken darin vereinigt sind:

Die beiden Atkinson-Motoren (R.K.- und Ind.R.Motor).

Läufererregung durch einen Reihentransformator (Winter, Eichberg, Latour).

Konduktive Leistungszufuhr zum Läufer (Punga).

Stark verschiedene Windungszahlen der Arbeitswicklungen (Alexanderson).

Veränderung der MMK-Kurve des Läufers (Lamme, Déri, Arnold & la Cour) [hier durch eine Sehnenwicklung].

Faßt man mit dem vorstehenden die in der letzten Zeit erteilten Patente zusammen, in denen grundsätzliche Neuerungen nicht mehr zu finden sind, so kann man erkennen, daß unter Mitwirkung aller großen Firmen die Elektrotechnik auf dem Wege ist, die hier einzeln geschilderten Motorenarten mit ihren vorteilhaften Eigenschaften zu einem einheitlichen WechselstromKommutator-Motor zu verschmelzen, der bei seiner Anpassungs- und Leistungsfähigkeit der elektrischen Arbeitsübertragung sicherlich weitere große Erfolge bringen wird.

---

[1]) Vgl. auch Richter, ETZ. 1911, S. 1258, 1291. Funkenunterdrückung bei doppelt gespeisten Motoren

desgl. Gerstmeyer, E.K.B. 1911 H. 15, S. 287.

Verzeichnis der deutschen Patente.

A. Die Einphasen-Motoren.

Nr., Gruppe	Name, Anmeldung	
108 539 (1)	Atkinson 15. II. 1898	J. R.-Motor mit Erregerwicklung auf d. Ständer. S. 68, Abb. 38 u. 46.
126 274	Pieper 19. IV. 1900	Kond. R.-Motor, mit Widerstand parall. zur Läuferwicklung.
132 187 Zus. z. 126 274	Pieper 3. XI. 1901	Kond. R.-Motor. Berechnung der Erregerwicklung.
133 685	Corsepius 6. XII. 1901	Asynchroner Ind.-Motor mit 2 unabhängig voneinander drehbaren Läufern und gemeins. Ständer.
135 896 (1)	Vogel 6. XI. 1900	Atkinson-Ind.R.-Motor mit kurzschließbaren Bürsten in der Y-Achse. S. 69, Abb. 47.
140 925	Schüler 22. V. 1902	Ind.R.-Motor, mit begrenzter Drehzahl, oder in N. K.-Motor übergeführt durch umlaufende Kurzschlüsse der Läuferwicklung. S. 70.
153 730 (2, 3)	A. E.-G. 16. XI. 1901	Regelung von Wechselstrommaschinen mit Gleichstromläufer. S. 81, Abb. 57 und 58.
154 174 (2)	Latour 3. V. 1903	R.K.-Motor mit mehreren Kurzschlußbürstenpaaren. S. 88.
155 276 (1)	Gurtzmann 23. VII. 1903	Einfachbürsten-Ind.R.-Motor mit Ständerkurzschluß in der Y-Achse. S. 72, Abb. 50.
155 281 (1)	Schüler 22. XII. 1903	Bürstenverschiebung des Ind.R.-Motors durch einen Fliehkraftregler beeinflußt. S. 70.
155 900 (SW).	A. E.-G. 1. VII. 1903	Parallelschaltung gleichnamiger Arbeits-Bürsten durch einen Transformator. S. 88, 101.
156 907 (1)	F. G. L. 10. X. 1903	Umwandlung von Ind.R.-Motoren mit zweiachsiger Ständerwicklung für Gleichstrombetrieb.

Nr., Gruppe	Name, Anmeldung	
157 883 (SW)	Ziegenberg 3. X. 1902	Beseitigung der Funkenbildung durch Stromwender mit Isolierlamellen und doppelten Bürsten.
158 307 (1)	Gurtzmann 5. VIII. 1903	Regelung des Einfachbürsten-Ind.R.-Motors durch einen drehbaren Transformator. S. 73.
158 909 (3)	Fynn 4. VIII. 1903	Zusammengesetzte Läuferwicklung mit Stromwender und Schleifringen. S.103 Abb. 77.
162 412 (1)	F. G. L. 12. VII. 1904	Verstellung der Ständerwicklungsachse bei Ind.-R.-Motoren durch 2 Hilfswicklungen. S. 73, Abb. 52.
162 781 (SW)	M. F. Örlikon 4. III. 1904	Hilfspole für Kond.R.-Motoren, mit phasenverschobenem Strom erregt.
163 295 (2)	Arnold & la Cour 5. I. 1904	Dreibürstenschaltung für R.K.-Motoren mit Läufererregung. S. 86, Abb. 63.
165 053 (2, 3)	Arnold & la Cour 25. V. 1904	Kurzschlußmotor mit regelbarer Zusatzwicklung auf dem Ständer in der Y-Achse. S. 88, 109. Abb. 83.
165 054 165 055 (2) Zus. zu 165 053	Arnold & la Cour 12. VII. 1904	Geschwindigkeitsregelung der R.K.-Motoren mit Y-Zusatzwicklung.
166 485	Alioth 30. VIII. 1904	Mehrteilige Ständerwicklung zur Verstellung der Achse.
166 902 (1) Zus. zu 162412	F. G. L. 20. IV. 1905	Verstellung der Ständerachse von Ind. R.-Motoren. S. 74.
166 957 (1)	F. G. L. 17. V. 1904 England 18. V. 1903	Umsteuerung von Ind.R.-Motoren durch eine mehrteilige Ständerwicklung. S. 73.
166 996 (2)	A. E.-G. 16. VII. 1904	Gleichzeitige Regelung der Arbeits- und Erregerspannung bei R.K.-Motoren. S. 89, Abb. 66.
167 142 (5_2)	F. G. L. 22. XI. 1904	Veränderung der Schaltung von Reihenschlußmotoren für Betrieb mit veränderlicher Geschwindigkeit. W. E. L.-, Atkinson-R.K.-Motor, Kond.-R.-Motor nacheinander. S. 140.
167 305 (2) Zus. zu 163 295	Arnold & la Cour 10. VI. 1904	Verdoppelung der Dreibürstenschaltung zur Sechsbürstenschaltung bei R.K.-Motoren zwecks besserer Ausnützung S. 87, Abb. 64.

Nr., Gruppe	Name, Anmeldung	
167 746 (1)	Gurtzmann 12. V. 1903	Atkinson-Ind.R.-Motor mit in der Y-Achse teilweise durch Widerstände überbrückter gleichmäßig verteilter Ständerwicklung. S. 71, Abb. 49.
167 887 (1)	Lehmann 28. XII. 1904	Kompensierter Einfachbürsten-Ind.R.-Motor. Ständerwicklung in schräger Achse überbrückt. S. 75.
168 496 (2)	Arnold & la Cour 28. IV. 1904	Die beiden Kurzschlußbürsten bei der Dreibürstenschaltung können beliebige Lage haben. S. 87.
168 565 (1)	Lehmann 1. X. 1904	Kompensierter Einfachbürsten-Ind.R.-Motor mit Y-Gegenwicklung auf dem Ständer. S. 74, Abb. 53.
168 992 (5_1)	F. G. L. 31. VII. 1904	Anlassen von Nebenschluß- und R.K.-Motoren als Doppelbürsten-Ind.R.-Motoren. S. 130.
169 108 (1)	B. B. & Cie. 18. X. 1904	Vergrößerung des Widerstandes für den Y-Induktionsfluß bei Ind.R.-Motoren S. 75.
169 519	A. E.-G. 1. VI. 1905	Nebenschluß-Einphasenmotor m. Fremderregung durch Nebenschlußgenerator.
170 560 (5)	Gurtzmann 3. IX. 1905	Verfahren zur Umschaltung von Atkinson-Ind.R.-Motoren in R.K.-Motoren.
170 673 (2)	F. G. L. 7. IV. 1905	R.K.-Motor mit Reihentransformator, der als pollose Ringwicklung auf dem Ständer liegt.
170 991 (5_2)	F. G. L. 23. VIII. 1904	Anlassen und Geschw.-Regelung von Reihen-Motoren durch Umschalten in versch. Motorenarten, ähnlich 167 412. S. 140.
171 199	Lamme 10. IV. 1902	Vorteilhafte Berechnung von Kond.R.-Motoren.
172 335 (1) Zus. zu 162 412	F. G. L. 13. IV. 1905	Umschaltung der Ständerwicklung bei Ind.R.-Motoren. S. 74.
173 201	A. E.-G. 28. VII. 1905 Ver. St. 10. VIII. 1904	Kond.R.-Motor mit unterteilter Ständerwicklung für verschiedene Spannungen bei Gleich- und Wechselstrombetrieb.
173 623 (2)	A. E.-G. 13. III. 1904	Transformatorenschaltungen für den W.E.L.-Motor.
173 624 (2)	A. E.-G. 5. VII. 1904	Umschaltung von W.E.L.-Motoren für Gleichstrom.
174 504 (5_2)	A. E. G. 30. I. 1906	Schalteranordnung für Motoren mit Netz- und Erregertransformator zur Erzielung vieler Schaltstufen.

Nr., Gruppe	Name, Anmeldung	
175 377 (2) Zus. zu 153 730	A. E. G. 16. XI. 1901	Regelung von Einphasenwechselstrommaschinen. S. 82, Abb. 59.
178 469 (1)	Freund 1. II. 1905	Vorrichtung zur selbsttätigen Verstellung der Bürsten von Ind. R.-Motoren zwecks Geschw.-Begrenzung.
178 857 (5_2)	F. G. L. 23. VIII. 1904	Regelung von mindestens 2 R. K.-Motoren durch Parallel- u. Reihenschaltung der Erregerwicklungen. S. 139, Abb. 102.
178 866 (2)	A. E.-G. 13. VII. 1904	Unterteilung der Ständerwicklung bei W. E. L.-Motoren.
179 089 (5_2) Zus. zu 168 992	F. G. L.	Benützung der Schaltung des Kond. R.-Motors mit Läufererregung zum Anlassen an Stelle des Ind. R.-Motors.
179 092 (5_2)	A. E.-G. 26. V. 1906	Benützung der Kurzschlußbürsten des W. E. L.-Motors zur Teilung und Umschaltung der Erregerwicklung. S. 143, Abb. 106.
179 550 (2)	A. E.-G. 26. IX. 1905	Die Arnoldsche Ständerzusatzwicklung soll zur Schwächung des Y-Induktionsflusses im Anlauf benützt werden. S. 90.
180 223 u. Zus. 180 224 (1)	Bragstad 12. V. und 12. XI 1905	Verschiebung der Läuferachse von Ind. R.-Motoren durch ein mehrachsiges Bürstensystem, das mit einem regelbaren Transformator verbunden ist.
180 716 (5_2)	A. E.-G. 23. VII. 1904	Regelung mehrerer W. E. L. - Motoren durch Reihenparallelschaltung der Ständerarbeitswicklungen.
181 015 (1)	B. B. & Cie. 24. XI. 1904	Déri-Motor. S. 76, Abb. 54.
181 286 (3) Zus. zu 175 377	A. E.-G. 19. VI. 1903	Nebenschluß-Kurzschluß-Motor mit veränderlicher Spannung am Ständer und den Erregerbürsten. S. 101, Abb. 76.
182 061 (5_2)	F. G. L. 22. VIII. 1905	Anlassen des R. K.-Motors als Kond. R.-Motor mit Läufererregung. S. 141, Abb. 104.
182 388 (3)	S. S. W. 4. II. 1906	Schalteinrichtung zum Anlassen von Einphasenasynchronmotoren mit Drehstromwicklung in Sternschaltung.
182 655 zu 181 015	B. B. & Cie. 8. IV. 1905	Begrenzung der Drehzahl beim Dérimotor. S. 79, Abb. 26.

Nr., Gruppe	Name, Anmeldung	
182 960	F. G. L. 5. IX. 1905	Ausnützung der Ausgleichsströme zwischen gleichnamigen Bürsten zur Erregung.
183 812	F. G. L. 22. XI. 1904	Einphasenmotor. Ständer mit Polumschaltung 1 : 2, Läufer mit zwei getrennten Gleichstromwicklungen.
183 869 Zus. zu 162 781 (S W)	Oerlikon 8. II. 1905	Die Wendepol-Wicklung wird in die beiden benachbarten Hauptpolnuten gelegt.
185 204 (5_2)	F. G. L. 26. I. 1906	Benützung des Erregertransformators als Drosselspule beim Anlassen des R.K.-Motors. S. 142, Abb. 105.
186 445 Kond.R.-M.	S. S. W. 13. XII. 1904	Drosselspule parallel zur Läuferarbeitswicklung des Kond.R.-Motors. S. 54, Abb. 42.
186 446 Kond.R.-M.	S. S. W. 12. XII. 1905	Gemeinsame Erregerwicklung für Haupt- und Wendepole (Brückenschaltung) beim Kond.R.-Motor.
186 463 (2) Zus. zu 153 730	A. E.-G. 10. II. 1906	Die Läuferarbeitswicklung wird durch einen primär mit der Ständerarbeitswicklung in Reihe geschalteten Transformator gespeist. S.94, Abb.70.
186 783	A. E.-G. 28. I. 1906	Die Widerstandsleiter werden bifilar in besonderen Nuten verlegt und auf der dem Stromwender abgekehrten Seite an die Wicklung angeschlossen.
186 797 (2)	Punga 7. III. 1905	Doppelt gespeister Atkinson-R.K.-Motor S. 91, Abb. 67 und 68.
187 081 (S W)	F. G. L. 6. VI. 1905	Aussparungen im Ständereisen an den Stellen der unter den Arbeitsbürsten kurzgeschl. Windungen.
187 633 (3)	Fynn. 4. VIII. 1903	N.K.-Motor, der als Einfachbürsten-Ind-R.-Motor anläuft. S. 103.
187 645	A. E.-G. 27. IV. 1906	Anlaßschalter für Einphaseninduktionsmotoren mit Dreiphasenwicklung.
187 939 (2, 3)	A. E.-G. 1. VII. 1905	Mittel, um die dreieckige Form der räumlichen MMK-Kurve zu beseitigen.
187 940 (5_2)	A. E.-G. 13. VIII. 1905	Der W.E.L.-Motor soll durch Verschiebung der kurzgeschlossenen Arbeitsbürsten als Ind.R.-Motor angelassen werden.
188 238 (5)	F. G. L. 4. IX. 1904	Die Y-Ständerwicklung wird wie bei Arnold & la Cour (165 053) zum Anlassen des Atkinson-N.K.-Motors und bei Nebenschlußschaltung als Zusatzwicklung benutzt. S. 131.

Nr., Gruppe	Name, Anmeldung	
188 239 (S W)	F. G. L. 17. VI. 1906	Verwendung mehrerer in der Bewegungsrichtung zunehmend erregter Wendepolzähne.
188 818 (S W)	A. E.-G. 24. I. 1906	Die Wendepole für die Kurzschlußbürsten des W.E.L.-Motors sollen vom Läufererregerstrom erregt werden.
189 074 (4, 5)	F. G. L. 4. IX. 1904	Die Erregerwicklung auf dem Ständer für das Anlassen, auf dem Läufer für den Dauerbetrieb beim Kurzschlußmotor wird von einem Reihen- und einem Nebenschlußtransformator gespeist. S. 118, 132.
189 093	S. S. W. 7. III. 1906	Schaltung einer Gruppe z. B. in Reihe geschalteter Einphasenmotoren mit Fremderregung, wobei immer die Erregerwicklung des einen Motors parallel zur Arbeitswicklung des andern liegt.
189 168 Zus. zu 133 685	Corsepius 28. XII. 1904	Weiterentwicklung der Idee des Hauptpatentes.
190 085	Lamme 8. IV. 1903	Läufer mit Widerstandsleitern, die auf dem Grunde der Nuten verlegt sind.
190 182 196 183 (5) Zus. zu 174 504	A. E.-G. 9. VI. 1906	Durch dieselben Schalter kann bei Maschinen mit regelbarem Netz- und Erregertransformator gleichzeitig die Arbeits- und Erregerspannung geändert werden; 190 183: selbsttätige Schaltvorrichtung dafür, abhängig von der Geschwindigkeit.
190 186 (S W)	F. G. L. 13. VII. 1906	Beim Kond.R.-Motor soll die Funkenbildung vermindert werden, indem die Erregerwicklung von einem Reihen- und einem Nebenschlußtransformator gespeist wird.
190 287 (5₁)	F. G. L. 31. VII. 1904	Schaltung, um den R.K.-Motor nach dem Anlauf in den kompensierten N.K.-Motor zu verwandeln. S. 131, Abb. 96.
190 645	A. E.-G. 16. III. 1905	Ausnutzung der Wendewicklung zur Vergrößerung des Drehmomentes beim Anlauf.
190 646 (5)	F. G. L. 10. XII. 1905	Selbsttätige Schaltvorrichtung, um bei We.-Motoren in Abhängigkeit von der Geschw. irgendeine Umschaltung herbeizuführen.
190 647 (5)	F. G. L. 9. VIII. 1906	Transformatorenschaltungen für doppelt gespeiste R.K.- und N.K.-Motoren. S. 133.

Nr., Gruppe	Name, Anmeldung	
190 648 (5₁)	F. G. L. 14. X. 1906	Der Läuferarbeitswicklung von R.K.- und N.K.-Motoren wird eine bestimmte Spannung zugeführt. S. 134.
190 649	F. G. L. 20. XII. 1906	Als Reihentransformatorwicklung wird ein Teil der Ständerwicklung mit möglichst viel Streuung gegen den übrigen Teil benutzt.
190 665 (3) (5)	A. E.-G. 24. XII. 1903	N.K.-Motor, dessen Bürsten über regelbáre Widerstände oder teilweise unmittelbar kurzgeschl. sind.
190 792 (1)	F. G. L. 6. VII. 1905	Verwerfung der in Nr. 162 412 ff. angegebenen Anlaßverfahren. S. 74.
190 794 (5)	A. E.-G. 17. III. 1907	Einphaseninduktionsmotor mit selbsttätiger elektromagnetischer Schaltvorrichtung.
190 889	Lamme 5. I. 1907	Kond. R.-Motor, bei dem parallel zur Erregerwicklung eine Drosselspule liegt, um zu starke Sättigung der Pole zu verhindern.
191 486 (3)	Fynn 16. IV. 1905	Kompensierter N.K.-Motor, der als Atkinson-R.K.-Motor angelassen wird. S. 103, Abb. 78.
192 434 (5) Zus. zu 190 287	F. G. L. 22. IX. 1904	Selbsttätiger Schalter für R.K.-Motoren der in Abhängigkeit von der Veränderung der Ständerarbeits- und Erregerspannung den Nebenschlußerregerkreis schließt. S. 132, Abb. 96.
192 717 (5)	Lundell 30. XII. 1905	Umsteuerung dadurch, daß die Pole des Ständers um 90° in der einen, die des Läufers um 90° in der andern Richtung verschoben werden.
192 874 (5)	A. E.-G. 12. XII. 1902	Umsteuerung von Atkinson-R.K.-Motoren durch Wechsel der Stromrichtung in der einen Ständerwicklung.
192 940 (S W)	S. S. W. 16. IX. 1906	Läufer mit Widerständen (Konstruktive Anordnung).
193 140 (2) Zus. zu 175 377	A. E.-G. 11. II. 1903	Geschw. Regelung von W.E.L.-Motoren durch einen regelbaren Widerstand parallel zu den Erregerbürsten. S. 85, Abb. 62.
193 291 (2)	A. E.-G. 30. I. 1906	Die Kurzschlußverbindung oder die Mitte der Wicklung des Erregertransformators wird geerdet.
194 035	Punga 6. V. 1905	Kond.R.-Motor mit kurzgeschlossener Gegenwicklung, die so angeordnet ist, daß sie den richtigen Wendefluß liefert.

Nr., Gruppe	Name, Anmeldung	
194 036 (2)	A. E.-G. 14. VII. 1906	Widerstand parallel zu den Erreger- bürsten zur Verbesserung der Strom- wendung. S. 86.
194 054	F. G. L. 26. X. 1905	Motor von n Polen mit Generator von 2 n Polen vereinigt zur Begrenzung der Geschw.
194 092 (5_1) Zus. zu 190 287	F. G. L. 28. X. 1904	Ein Zeitrelais dient zum Anschluß der Erregerbürsten von Kurzschluß- Motoren an die Nebenschlußspannung. S. 132.
194 093 (5_3) Zus. zu 190 287	F. G. L. 17. IX. 1905	Bei N.K.-Motoren wird die Ständerhilfs- wicklung in der Arbeitsachse beim Anlauf als Gegenwicklung benutzt. S. 133, Abb. 98.
194 170 (2)	A. E.-G. 16. XI. 1901	Zwei getrennte Wicklungen auf dem Läufer der W.E.L.-Motoren.
194 652 (2)	F. G. L. 15. VIII. 1906	Die Differenz der Arbeitsspannungen beim doppeltgespeisten R.K.-Motor wird konstant gehalten.
194 869	S. S. W. 31. VIII. 1905	Die Wendepolwicklung wird von regel- baren Windungen der Erreger- und Gegenwicklung zugleich gespeist.
194 870 (S W) Zus. zu 188 818	A. E.-G. 16. XI. 1906	Verschiedene Schaltungen für den An- schluß der Wendewicklung.
194 888 (3)	Punga 6. V. 1905	Regelung des N.K.-Motors durch Ein- schaltung von Ständer-Zusatzwick- lungen in die beiden Läuferstrom- kreise. S. 106. Abb. 80.
195 553 199 553) (2)	A. E.-G. 15. I. 1903	Der Erregerstrom des R.K.-Motors wird durch Transformatoren geregelt. S. 83, Abb. 60.
195 580 (5_1)	F. G. L. 6. IV. 1904	Schaltung, um N.K.-Motoren als Ind.R.- Motoren mit Doppelbürsten anzu- lassen. S. 129, Abb. 94.
195 967 (S W)	F. G. L. 2. VIII. 1906	Selbständige Regelung der Spannung an der Wendepolwicklung.
196 020 (1) Zus. zu 167 887	Lehmann 20. IV. 1907 Frankreich 21. IV. 1906	Wicklungsanordnungen nach den Ge- sichtspunkten des Hauptpatentes.
196 117 (5)	A. E.-G. 9. IX. 1905	Elektromagnetischer Schalter, um R.K.- Motoren in N.K.-Motoren zu ver- wandeln (ähnlich 192 434 F. G. L.)
196 508 (5)	F. G. L. 4. II. 1906	Um beim Anlassen von We.-Motoren den geringsten V.A.-Verbrauch zu erzielen,

Nr., Gruppe	Name, Anmeldung	
		soll der schädliche induktive Spannungsabfall gleich dem nützlichen gemacht werden.
196 530	A. E.-G. 22. IX. 1907	Ein Transformator mit beweglicher Spule für konstanten Strom speist den We.-Motor.
197 030 (1, 3)	F. G. L. 24. III. 1904	Vereinigung von Kond.R.-, Ind.R.- und W.E.L.-Motor.
197 505	F. G. L. 23. VIII. 1906	Schaltung für die Wendepolwicklung.
197 605 (5_1)	F. G. L. 10. III. 1904	Anlassen von N.K.-Motoren als Ind.R.-Motoren mit Doppelbürsten. S. 128.
197 722 (S. W.)	A. E.-G. 21. IX. 1906	Schaltung von Wendespulen bei W.E.L.-Motoren.
197 824 5) Zus. zu 190287	F. G. L. 9. IX. 1905	Besondere Schaltung des Transformators zum Anlassen von N.K.-Motoren als R.K.-Motoren. S. 132, Abb. 97.
197 827	S. S. W. 27. VII. 1907	Verhinderung der Selbsterregung mit Gleichstrom durch remanenten Magnetismus beim Umschalten eines We.-Motors in einen Generator.
198 248 (5)	F. G. L. 16. XI. 1907	Durch geeignete Schaltung der Wicklungen soll bei doppelt gespeisten Motoren ein besonderer Regelungstransformator vermieden werden.
198 317 (4)	F. G. L. 20. IX. 1905	Atkinson-R.K.-Motor, der durch eine Nebenschlußerregerwicklung in einen Doppelschlußmotor verwandelt wird. S. 121, Abb. 87.
198 695 (2)	F. G. L. 26. IX. 1906	Atkinson-R.K.-Motor mit in den Läuferarbeitskreis geschalteter Y-Hilfswicklung auf dem Ständer zur Verbesserung des Leistungsfaktors. S. 95, Abb. 71.
198 726 (5)	A. E.-G. 18. IV. 1907 Ver. St. 18. IV. 1906	Einphasenasynchronmotor mit elektromagnetischer Schaltvorrichtung.
199 077 (2) Zus. zu 165 053	Arnold & la Cour 12. XII. 1907	Verwendung der Bürstenverschiebung zur Regelung der Wirkung der Y-Zusatzwicklung. S. 89.
199 553	s. 195 553	
199 802 2) (S W)	F. G. L. 8. XI. 1906	Unterteilte Erregerwicklung für Atkinson-R.K.-Motoren mit Spulen, die verschieden große Eisenquerschnitte umfassen.

Nr., Gruppe	Name, Anmeldung	
199 803 (S W) Zus. zu 186 446	(S. S. W.) 5. VII. 1907	Verbesserung der Brückenschaltung zur gemeinsamen Erregung der Haupt- und Wendepole.
199 804	F. G. L. 12. VII. 1907	Anordnung der Gegenwicklung beim Kond.R.-Motor.
199 880 (5_1)	Latour 18. VI. 1904 Frankreich 19. VI. 1903.	Motor mit Doppelbürsten in schiefwinklig gegeneinander geneigten Achsen, der als Ind.R.-Motor anläuft und im Dauerbetrieb Nebenschlußerregung hat. S. 129, Abb. 95.
200 111 (2) Zus. zu 194 652	F. G. L. 21. VII. 1907	Dasselbe wie im Hauptpatent mit nur einem verschiebbaren Kontakt.
200 523 (4)	A. E.-G. 20. VII. 1906	Eichberg-Doppelschluß-Kurzschluß-motor mit Läufererregung. S. 121, Abb. 18.
200 660 Kond.R.-M.	S. S. W. 21. I. 1906	Anordnung, um die Hauptstrom- und Nebenschlußwicklung der Wendepole voneinander unabhängig zu machen.
200 884 (2)	F. G. L. 6. VIII. 1907	Reihen- und Doppelschluß-Kurzschluß-motoren mit parallel zur Läuferwicklung liegendem Ohmschen oder induktiven Widerstand. S. 95, Abb. 73.
201 199 Zus. zu 196 922	S. S. W. 6. VIII. 1905	Eine Drosselspule wird zur Erregerwicklung parallel geschaltet. S. 147.
201 200	S. S. W. 11. VIII. 1905	Schaltung von Widerstandsverbindungen.
201 764	F. G. L. 23. XI. 1907	We.-Motor mit unvollständig wirkender Gegenwicklung, bei dem die Erregerwicklung parallel zur Läuferarbeitswicklung liegt.
202 251 (2)	F. G. L. 21. VII. 1907	Doppelt gespeister Motor nach 200 111 mit veränderten Anschlüssen.
203 204 (5_1) Zus. zu 198 317	F. G. L. 3. V. 1908	Umsteuerungsschaltung für F. G. L.-Doppelschluß-Kurzschluß-Motoren. S. 135, Abb. 99.
203 253	Westinghouse 13. X. 1907	Fliehkraftschalter, um einen Reihenschlußmotor in einen Induktionsmotor umzuschalten.
203 706 (1)	S. S. W. 24. III. 1907	Anordnung, um auch bei Dreieckschaltung einer dreiphasigen Wicklung die Ständerachse von Ind.R.-Motoren um 60^0 zu verstellen.

Nr., Gruppe	Name, Anmeldung	
203 915 (4)	F.G L. 20. IX. 1905	Doppelschluß-Kurzschluß-Motor mit Reihenschlußerr.-Wicklung auf dem Ständer. S. 119, Abb. 87.
204 145 (3, 5) Zus. zu 165 053	Arnold & la Cour 16. V. 1908	Regelung von N.K.-Motoren mit Y-Zusatzwicklung und Hilfsdrosselspule. S. 136, Abb. 100.
204 533 (1)	S. S. W. 29. IX. 1907	Ind.R.-Motor mit zwei unter konstantem Winkel mechanisch gekuppelten Bürstensätzen.
204 851 204 956 (2) Zus. zu 204 851	F. G. L. 24. VIII. 1906 22. XII. 1907	Doppelt gespeister Motor, erregt durch die Differenz der beiden Arbeitsströme.
205 074 (4)	F. G. L. 8. V. 1907	Regelung des Doppelschl.-K.-Motors durch eine Ständerwicklung in der Arbeitsachse, die mit der Läuferarbeitswicklung in Reihe geschaltet ist.
205 470 205 471 (4) Zus. zu 189 077	F. G. L. 4. IX. 1904 16. IV. 1905	Anlaßschaltungen für Doppelschl.-K.-Motoren. S. 118, Abb. 87.
205 510 (5₁)	F. G. L. 11. IV. 1908	Schaltungen für gemischt erregte Kurzschlußmotoren nach 195 553 (A.E.-G.) S. 134.
205 756	S. S. W. 26. III. 1907	Schaltung für We.-Motoren mit Nebenschluß- oder Fremderregung. Vorschläge zur Verringerung der Phasenverschiebung.
205 765 (2)	A. E.-G. 14. VIII. 1907	Reihenkurzschlußmotor mit besonderer Läuferwicklung.
205 856 Zus. zu 205 756	S. S. W. 14. VII. 1907	Schaltung für Nebenschlußmotoren. Betrifft das Verhältnis des Ohmschen und des induktiven Widerstandes.
205 964 Zus. zu 162 781	M. F. Oerlikon 10. III. 1907	Einrichtung, um bei jeder Geschw. und Klemmenspannung dem Wendefluß die richtige Größe und Phase zu geben.
206 415 (1)	F. G. L. 11. III. 1908	Einstellung und Regelung der Spannungsverteilung von Ind.R.-Motoren durch einen Reihentransformator.
206 444 (2)	A. E.-G. 15. I. 1903	Kurzschlußmotoren mit Ständererregerwicklung und Erregertransformatoren nach 195 553. S. 84.
206 752	S. S. W. 11. III. 1908	We.-Motor mit Fremderregung durch einen Erregergenerator.

11*

Nr., Gruppe	Name, Anmeldung	
206 799 (5₁)	F. G. L. 23. IV. 1908	Anwendung der Schaltung nach 205 510 auf die doppelt gespeisten Motoren nach 190 647.
206 994	S. S. W. 31. VIII. 1905	Der Erregerstrom für den Hilfsinduktionsfluß wird der Reihenerregerwicklung des Kond.-R.-Motors entnommen.
207 048 (2)	F. G. L. 20. XI. 1907	Doppeltgespeister Motor, erregt durch die Differenz der Arbeitsströme. (Differentialerregung).
207 049 (2)	F. G. L. 2. VI. 1908	Ind.R.- und R.K.-Motor mit Differentialerregung.
207 128 Zus. zu 190 889	Lamme 5. I. 1907	Verbesserte Anwendung des Haupt patentes bei Generatorwirkung.
207 376 (4)	A. E.-G. 5. XI. 1907	Wechselweise Benutzung der Reihen- und Doppelschlußschaltung des Kurzschlußmotors für Antrieb von Werkzeugmaschinen. S. 122, Abb. 89.
207 708 (5₂)	A. E.-G. 7. V. 1908	Schaltungen für den Alexanderson-Motor mit Reihenerregerwicklungen auf Ständer und Läufer. S. 149, Abb. 112.
207 773 (5₂)	A. E.-G. 15. IX. 1908	Regelungs- und Anlaßverfahren für 2 Motoren, die als R.K.-Motoren anlaufen, dann als Alexanderson-Ind.-R.-Motoren arbeiten.
207 950 (5₁) Zus. zu 153 730	A. E.-G. 3. V. 1908	Schaltungsänderung technischer Art zur Vereinfachung des Transformators.
208 308 (5₁) Zus. zu 165 053	Arnold & la Cour 20. IX. 1908	Anlaßschaltung für N.K.-Motoren mit regelbarer Y-Zusatz-Wicklung. S. 138, Abb. 101.
208 341 (1)	A. E.-G. 26. I. 1908	Atkinson-Ind.R.-Motor, umschaltbar in einen Gleichstrom-Reihenschluß motor.
208 342 (5)	Arnold & la Cour 3. VI. 1908	Umsteuerbarer Motor nach 165 053, bei dem Ständerarbeits- und Zusatzwicklung zu einer geschlossenen Wicklung vereinigt sind.
208 587 (1)	B. B. & Cie. 9. XI. 1907	Von der Bürstenspannung des Déri-Motors abhängiger Hilfsmotor zur Verstellung der Bürstenbrücke.
208 801 (2)	F. G. L. 15. XI. 1907	Wiederholung der Schaltung von 204 851 für Motoren mit Läufererregung.
208 802 (4)	F. G. L. 4. IV. 1908	Vereinigung der F. G. L. Doppelschlußschaltung und der Doppeltransfor-

Nr., Gruppe	Name, Anmeldung	
		motorschaltung nach 195 553 A. E.-G. zu einem gemischterregten Motor. S. 123, Abb. 90.
209 109 Zus. zu 165 053	Arnold & la Cour 18. I. 1908	Unterteilung der Y-Zusatzwicklung, um die räumliche Verteilung des Y-Induktionsflusses ändern zu können.
209 229 (3)	Arnold & Fränckel 4. VIII. 1908	Schaltung und Geschw.-Regelung von doppeltgespeisten N.K.-Motoren mit Y-Zusatzwicklung, derart, daß die Induktionsflüsse konstant bleiben. S. 111, Abb. 80.
209 281	Seyfert & Franklin 4. IV. 1906	Kond.-R.-Motor mit rotierenden Innenpolen und ruhender Arbeitswicklung.
209 830 (3)	F. G. L. 5. V. 1908	Verwendung einer Drosselspule im Erregerkreise, um das Pendeln und das Feuer an den Arbeitsbürsten zu beseitigen.
210 548 (1)	S. S. W. 25. VIII. 1907	Doppelbürsten-Ind.R.-Motor, bei dem das feststehende Bürstenpaar aus der Arbeitsachse verschoben ist. S. 80.
211 209 (5)	F. G. L. 28. VII. 1908	Gemischt erregter Motor, bei dem Läuferarbeits- und Erregerkreis durch einen Reihentransformator verbunden sind.
211 518 (4)	A. E.-G. 25. X. 1906	Doppelschl.-K.-Motor mit Haupt- und Reihenerreger-Transformator. S. 122, vgl. Abb. 89.
211 535	S. S. W. 3. IV. 1907	Einphasen- und Mehrphasenmotoren mit Nebenschluß- oder Fremderregung, Regelung der Phasenverschiebung zwischen Läuferspannung und Induktionsfluß.
211 690 (4)	Latour 1. XI. 1907	Motor mit Nebenschlußcharakteristik unter Verwendung eines Reihentransformators und eines Phasenumformers.
212 245 (2) Zus. zu 153 730	A. E.-G. 7. IV. 1908	Verbesserung der Stromwendung des W.E.L.-Motors bei übersynchroner Geschw. durch Speisung der Läuferarbeitswicklung S. 99, Abb. 75.
212 301 Zus. zu 211 535	S. S. W. 23. V. 1908	S. Hauptpatent.
212 334	Jakoby 21. VI. 1908	Trommel-Sehnenwicklung mit besonderem Wicklungsschritt, für günstigste Stromwendung.

Nr., Gruppe	Name, Anmeldung	
212 515 (2)	F. G. L. 17. XII. 1907	Motor mit Differentialerregung zur Vereinfachung der Schaltung, wenn mindestens 2 Motoren verwendet werden.
212 593	S. S. W. 3. IV. 1907	Regelung von Motoren mit Nebenschluß- oder Fremderregung (wie Nr. 211 535).
213 464 (5) (2)	A. E.-G. 15. VII. 1908 Ver. St. 15. VII. 1907	Alexanderson-Motor, mit Umschaltung der Ständererregerwicklung aus dem Ständerarbeitskreise in den Läuferarbeitskreis mit stärkerem Strom. S. 144, Abb. 107, 108, 109.
214 276	S. S. W. 7. VI. 1908 England 1. II. 1908	We.-Motor mit getrennten Reihenerregerwicklungen für beide Drehrichtungen, verwendbar für Betrieb mit Gleichstrom.
214 577 (4) Zus. zu 208 802	F. G. L. 17. V. 1908	Vereinfachung der Schaltung des Hauptpatentes, indem ein Haupttransformator mit großer Streuung benutzt wird.
214 795 Zus. zu 190 186	F. G. L. 25. IV. 1909	Motor mit getrennten Erregerwicklungen für beide Drehwicklungen; durch die unbenutzte Wicklung soll ein phasenverschobener Induktionsfluß erzeugt werden.
214 902 (5) Zus. zu 213 464	A. E.-G. 3. I. 1909	Die plötzlichen Übergänge sollen durch Zwischenschaltung von Widerständen vermieden werden.
215 658 (4) Zus. zu 211 518	A. E.-G. 2. XI. 1906	Die kleine Nebenschluß-Erregerspannung des D.K.-Motors soll nicht einem besonderen Transformator, sondern der Ständerarbeitswicklung entnommen werden. S. 122.
216 249 (2)	A. E.-G. 11. II. 1903	Reihenschlußmotoren, besonders R.K.-Motoren sollen dadurch geregelt werden, daß das Übersetzungsverhältnis des Reihen-Erregertransformators geändert wird. S. 85.
217 782	M. F. Örlikon 1. V. 1909	Vorübergehend benutzbare Schaltung mit Ohmschen und induktiven Widerständen, um die Phase des Erregerstromes zu ändern.
217 783 217 810 Zus. zu 195 967	F. G. L. 4. IV. 1909 21. VIII. 1909	Betrifft die Erzeugung der Differenzspannung für die Wendepolwicklung.
217 910	F. G. L. 11. IX. 1906	Zusätzliche Wicklung in der Y-Achse, besonders bei Atkinson-Motoren, zur

Nr., Gruppe	Name, Anmeldung	
		Bekämpfung der Funken-EMK an den Arbeitsbürsten.
218 086	Latour 29. VI. 1906. Frankreich 28. VI. 1905.	Wechselstromreihenschlußmotor.
218 577 (4) Zus. zu 208 802	F. G. L. 17. V. 1908.	Beim (F. G. L.)-D.K.-Motor soll die Sekundärwicklung des Nebenschluß-Erregertransformators gegebenenfalls als Drosselspule verwendet werden. S. 125, Abb. 92.
218 579 (5_1)	A. E.-G. 12. III. 1909 Ver. St. 13. III. 1908	Doppelschluß-K.-Motor mit regelbarer Y-Zusatzwicklung im Nebenschlußerregerkreise. S. 136.
219 253 (5_2)	A. E.-G. 24. XII. 1908 Ver. St. 26. XII. 1907	Verwendung der Läufererregung beim Alexanderson-Motor. S. 149.
219 309 (2)	F. G. L. 22. XII. 1907	Doppelt gespeister Motor mit Differentialerregung. Entstanden aus 204 956 s. a. 206 799.
219 706 219 707 Zus. zu 217 910	F. G. L. 19. IX. 1906	Betrifft Anordnung und Schaltung der Y-Hilfswicklung nach dem Hauptpatent.
219 845 (5_1)	A. E.-G. 4. V. 1909	Schaltung der Anlaßwiderstände bei N.K.-Motoren.
220 062 Zus. zu 216 249	A. E.-G. 1. X. 1907	Die Regelung nach dem Hauptpatent soll besonders auch für stark übersynchrone Geschwindigkeit zur Erzielung günstiger Betriebsverhältnisse dienen. S. 85.
221 064 (3) Zus. zu 194 888	A. E.-G. 20. XI. 1908	An Stelle der Ständerarbeitswicklung kann ein am Netz liegender Transformator dazu benutzt werden, den Arbeitsbürsten Spannung zuzuführen S. 109.
221 379 (2)	A. E.-G. 28. IV. 1908 Ver. St. 1. V. 1907	Atkinson-R.K.-Motor mit Sehnenwicklung auf dem Läufer. S. 97, Abb. 74.
221 468	F. G. L. 18. III. 1909	Motor mit mindestens 2 je nach der Drehrichtung zu benutzenden Erregerwicklungen, von denen die unbenutzte einen Hilfsinduktionsfluß erzeugt.

Nr., Gruppe	Name, Anmeldung	
221 740 Zus. zu 219 706	F. G. L. 14. X. 1906	Weiterentwicklung der Idee des Haupt patentes.
222 046	S. S. W. 5. XII. 1908	Betrifft Phasenverschiebung des Wendeflusses beim Kond.R.-Motor.
222 665 Zus. zu 195 967	F. G. L. 26. VIII. 1909	Verwendung eines Induktionsreglers zur gleichzeitigen Veränderung der Spannung am Motor und an der Wen depolwicklung.
222 682	M. F. Örlikon 29. VII. 1909	Schaltung der Wendepolwicklung beim Betrieb des Kond.R.-Motors mit Gleichstrom.
222 845 (2)	A. E.-G. 17. IV. 1909 Ver. St. 17. IV. 1908	Betrifft Verkürzung der Ständerzähne an den Stromwendungsstellen beim R.K.-Motor.
223 375 Zus. zu 199 802	F. G. L. 19. I. 1910	Umschaltung einer unterteilten Erregerwicklung ohne Unterbrechung des Hauptstromes unter Verwendung einer gesättigten Drosselspule.
224 147	F. G. L. 8. V. 1909	Kond.R.-Motor mit mehrachsiger Erregerwicklung, um den Zweck von 190 186 zu erreichen.
224 483 (2, 3) Zus. zu 153 730	A. E.-G. 25. I. 1908	Regelung der doppelt gespeisten Motoren, um in der Erregerwicklung stets den kleinsten Verbrauch an scheinbarer Leistung zu erzielen. S. 113.
224 485 (2)	F. G. L. 19. III. 1909	Doppelt gespeister Motor mit Differentialerregung, bei dem ein drehbarer Zusatztransformator benutzt wird.
224 586 (5_2)	A. E.-G. 22. V. 1909	Sicherungseinrichtung für die Regelung zweier in Reihe geschalteter, einzeln abschaltbarer R.K.-Motoren.
224 720	Richter u. Maffei- Schwartzkopff-W. 7. I. 1909	Anordnung zur Erzeugung des Wendeflusses beim Kond.R.-Motor.
224 847 (2)	A. E.-G.	Wendewicklung für die Arbeitsbürsten von doppelt gespeisten Motoren.
225 131 (5) (2) Zus. zu 213 464	A. E.-G. 18. XII. 1908 Ver. St. 17. XII. 1907 26. XII. 1907	Verwendung einer Drosselspule parallel zur Läuferarbeitswicklung beim Alexanderson-Motor. S.147, Abb.110.
225 219	S. S. W. 29. XI. 1908	Bemessung der Zahnquerschnitte, um ein zu starkes Anwachsen des Induktionsflusses zu verhindern.

Nr., Gruppe	Name, Anmeldung	
225 225	Richter und M. S. W. 7. I. 1909	Anordnung der Widerstandsleiter als Zusatz-Wendewicklung auf dem Läufer.
225 595 Zus. zu 199 802	F. G. L. 16. IX. 1909	Nachweis der Möglichkeit, Wicklungsteile parallel zu schalten, die ungleiche Querschnitte umfassen.
225 598 Zus. zu 214 276	S. S. W. 14. XI. 1909	Vgl. Hauptpatent.
226 342 (5)	F. G. L. 1. XII. 1909	Umwandlung des N.K.-Motors in den Ind.R.-Motor nach 182 655 mit noch feinerer Abstufung durch einen Reihentransformator.
226 874 (5)	F. G. L. 31. III. 1909	Anordnung nur einer Gruppe von Schaltern zur Spannungsverteilung beim doppelt gespeisten Motor.
226 875 (5)	F. G. L. 7. XI. 1909	Verfahren zur Regelung von We.-Motoren mittels eines Induktionsreglers.
226 876	M. F. Örlikon 28. VII. 1908	Regelung der Gegenwicklung beim Kond. R.-Motor im Zusammenhang mit der Regelung der Wendepolwicklung.
226 952 Zus. zu 221 468	F. G. L. 24. III. 1909	Betrifft Mittel, um die gegenseitige Beeinflussung zweier Erregerwicklungen nach dem Hauptpatent zu verhindern.
226 953	F. G. L. 5. II. 1910	Wicklungsanordnung zur Erzeugung des Haupt- und Wende-Induktionsflusses durch 2 Wicklungsteile, die um den kleinen Winkel der Wendezone gegeneinander versetzt sind.
227 035 (3)	M. F. Örlikon 19. IV. 1910	Geschwindigkeitsregelung des N.K.-Motors. S. 115, Abb. 85 und 86.
227 856	S. S. W. 12. I. 1909	Aufhebung des induktiven Spannungsabfalles bei Motoren mit Nebenschluß- oder Fremderregung durch eine geeignet gespeiste Gegenwicklung auf dem Ständer.
228 495 Zus. zu 189 093	S. S. W. 10. III. 1909	Schaltung einer Gruppe von Einphasenmotoren mit Fremderregung beim Zurückarbeiten auf das Netz.
228 553 (2)	A. E.-G. 17. IV. 1909 Ver. St. 17. IV. 1908	Schaltung für den Alexanderson-Motor, bei dem ein Teil der Läuferarbeitswicklung an die Ständerarbeitswicklung angeschlossen ist, zur Verbesserung der Stromwendung.
230 638 (3)	Fynn 1. III. 1910	Der kompensierte N.K.-Motor wird mit einer geeignet angeordneten Käfig-

Nr., Gruppe	Name, Anmeldung	
		wicklung auf dem Läufer versehen. (Vgl. ETZ. 1912, H. 2, S. 46.)
230 732 (2)	F. G. L. 19. I. 1910	Doppelt gespeister Reihenschluß-Motor, bei dem Ständer und Läufer durch einen Reihentransformator verkettet sind. (Schaltung zur Beseitigung der Wende-EMK.)
231 964 Zus. zu 153 730	A. E.-G. 9. III. 1909	Bei doppelt gespeisten Reihenschluß-Motoren wird die im Läuferkreise liegende Erregerwicklung an eine Hilfswicklung angeschlossen, die mit der Ständerarbeitswicklung induktiv verkettet ist.
232 333 (5)	F. G. L. 18. II. 1906	Unterdrückung der Funkenbildung bei Wechselstrommotoren.
233 180	S. S. W. 13. II. 1910	Regelung von Wechselstrom-Motoren mit einem Stufen- und einem Drehtransformator; der Motor erhält die Zusatzspannung des letzteren nur über einen Hilfstransformator.
233 181 (1)	Bergmann E.-W. 8. IV. 1909	Schaltung für doppelt gespeiste Reihenschluß-Motoren mit Läufererregung zur Regelung des Wendefeldes und zur Erniedrigung der Gesamtspannung, die bei der Alexanderson-Schaltung (Nr. 213 464) verhältnismäßig groß ist.
234 045	Richter & Maffei-Schwartzkopff-W. 7. I. 1909.	Kond.R.-Motor, bei dem sich die Erregung entsprechend der Gesamtspannung selbsttätig ändert. (Vgl. Richter, ETZ. 1911, S. 1258, 1291.)
234 132 Zus. zu 181 015 (1)	B. B. & Cie. 2. XI. 1909	Beim Déri-Motor werden die Bürsten mit der Ständerwicklung in Reihe geschaltet.
234 431 Zus. zu 234 045	Richter & M.-S.-W. 9. VII. 1909	Maschine mit Haupttransformator, bei der nach dem Hauptpatent ein Teil der Erregerwicklung vom Motorstrom, der andere vom Netzstrom durchflossen wird, dadurch gekennzeichnet, daß die resultierende Erregung der Differenz der beiden MMKK entspricht.
234 516 (1, 2)	S.-S.-W. 19. VI. 1910	Anlassen eines doppelt gespeisten Reihenschlußmotors mit Läufererregung durch Verschiebung der Bürsten, wobei die an der Ständerwicklung liegende

Nr., Gruppe	Name, Anmeldung	
		Bürste je nach der Drehrichtung aus der Erregerachse nach der Arbeitsachse zu bewegt wird.
234 975 (1, 2, 5)	S.-S.-W. 3. VI. 1910	Übergang vom Kond.R.-Motor mit Läufererregung u. kurzgeschlossener Gegenwicklung (umgek. Rep.-Motor) über den Ind.R.-Motor mit Bürstenverschiebung zum doppelt gespeisten Motor und dann durch Anschluß der Ständererregerwicklung zum Kond.-R.-Motor unter allmählicher Steigerung der Geschwindigkeit.
235 039 (5)	F. G. L. 8. V. 1910	Verfahren zum Anlassen von doppelt gespeisten Motoren als Reihenschluß-Motoren mit Drosselung durch „Überkompensation" in der Arbeitsachse.
235 041 (5)	S.-S.-W. 31. III. 1909	„Repulsions"-Induktions-Motor mit einem Läufer, in dem Leiter während der Anlaufperiode als R.K.-Motor unwirksam sind, beim Lauf als Ind.-Motor aber wirksam werden. (Vgl. Nr. 158 909 und Nr. 230 638.)
235 131 (3)	A. E.-G. 20. V. 1909	„Überkompensierter" Nebenschluß-Motor, bei dem die Ständerarbeitswicklung einen größeren Teil des Umfanges bedeckt oder dichter angeordnet ist als die Läuferarbeitswicklung (mit verkürztem Schritt).
235 711 (1)	F. G. L. 26. VII. 1910	Den Bürsten des Reihenschluß-Motors mit verschobener Läuferachse wird eine Spannung aufgedrückt, die nahezu gleich der Transformator-EMK des Läufers ist, die beim Zusammenfallen der Ständer- und Läuferachse auftritt.
236 346 (1)	B. B. & Cie. 10. VII. 1910	Verfahren zum Anlassen und Regeln von Ind.R.-Motoren mit gleichzeitiger Änderung der Größe und Achsenrichtung der Ständer-AW, so daß das Drehmoment möglichst unverändert bleibt.
236 648	S.-S.-W. 5. III. 1910	Verbesserung des Leistungsfaktors von Ind.R.-Motoren mit Läufererregung durch Erzeugung voreilender Spannung an besonderen Y-Bürsten.
237 265 (1)	B. B. & Cie. 17. X. 1909	Dämpferwicklung in der Y-Achse für Ind.R.-Motoren, die beim Antrieb gegen den Drehsinn Selbsterregung

Nr., Gruppe	Name, Anmeldung	
		verhindert, ohne daß der Nutzstrom höherer Frequenz gehemmt wird.
237 439 Zus. zu 153 730 (2)	A. E.-G. 7. II. 1909	An doppelt gespeisten R.K.-Motoren soll beim Übergang zur Speisung der Läuferarbeitswicklung die Ständerspannung für sich verringert werden, um bei günstiger Stromwendung die Zunahme des Leistungsverbrauchs zu beschränken.
237 799 (1)	A. E.-G. 12. VIII. 1909	Speisung der Doppelbürsten von Ind.R.-Motoren, um die Änderung der Drehzahl mit dem Bürstenwinkel zu verlangsamen.
237 849	Latour 23. VIII. 1910	Kond.R.-Motor mit Reihentransformator zwischen Ständer und Läufer und Parallel- oder Reihenschaltung zweier gleicher Ständerkreise.
237 850 Zus. zu 233 181	Bergmann E.-W. 25. IX. 1909	Schaltung zur Erzeugung eines geeigneten Wendefeldes für Motoren nach dem Hauptpatent.
237 936	Richter & Maffei-Schwartzkopff-W. 23. VII. 1909	Maschine mit mindestens 2 in Reihe geschalteten Stromwendern und Läuferwicklungen von geringerer gegenseitiger als Selbstinduktion.
237 937	A. E.-G. 21. III. 1909	Reihenschluß-Motor mit Reihentransformator, der mehrfache Anzapfungen entsprechend wie die Gegenwicklung erhält, um in dieser geeignete Stromverteilung über die Polteilung herzustellen.
237 938 (1)	A. E.-G. 21. VI. 1910	Motor mit 2 Bürstensätzen in parallelen Sehnen; der eine Satz ist in Reihe mit der Ständerarbeitswicklung geschaltet, der andere an einen induktiven Widerstand oder eine gegebenen Falles regelbare Spannung angeschlossen.
239 327	S.-S.-W. 25. VI. 1910	Weiterentwicklung und Vereinfachung des Verfahrens nach Nr. 234 975. Die Läuferbürsten liegen in Reihe mit der Ständererregerwicklung, in deren Achse sie im Stillstand stehen. Anlassen und Regelung durch Bürstenverschiebung, einmalige Umschaltung vom Ind.R.-Motor in den doppelt gespeisten Motor und Spannungserhöhung durch einen Induktionsregler.

B. Die Mehrphasen-Stromwender-Motoren.

Nr., Gruppe	Name, Anmeldung	
61 951	S. & H.	Görgesmotor. (Vgl. ETZ. 1891, S. 699).
	21. I. 1891	Patentanspruch: Gleichzeitige Zuführung der in der Phase verschobenen Wechselströme zu dem einen z. B. festen Teil in bekannter Weise, zu dem anderen z. B. beweglichen Teil in der Weise, daß durch Vermittlung einer fortlaufend geschlossenen Wicklung in Verbindung mit einem Stromsammler für Gleichstrom und Schleifbürsten ein Drehfeld erzeugt wird, das mit dem im feststehenden Teil erzeugten einen von der mechanischen Belastung unabhängigen geeigneten Winkel einschließt, zu dem Zweck der Erzeugung eines Drehmomentes, das den beweglichen Teil je nach Stellung der Bürsten zu den Stromzuführungspunkten des festen Teils in dem einen oder anderen Sinne zu drehen strebt und zwar unabhängig von der Winkelgeschwindigkeit der Drehfelder und von dem Sinne ihrer Drehung.
143 069	Haßlacher	(Heyland-)Motor mit Stromwender und
	14. VII. 1901	in sich geschlossener Läuferwicklung.
151 013	A. E.-G.	Regelung von Drehstrommaschinen mit
	7. VI. 1902	Gleichstromanker durch Bürstenverschiebung.
153 730	A. E.-G.	Vgl. Einphasenmotoren. (S. 81).
	16. XI. 1901	
155 739	Sautter, Harlé & Cie.	Regelungsverfahren für Drehstrommotoren mit Stromwender.
	6. VI. 1902	
156 675	F. G. L.	Motor mit 2 Bürstensätzen, von denen
	16. IV. 1904	der eine in Reihe mit der Ständerwicklung liegt, während der andere kurzgeschlossen ist.
162 917 Zus. zu 156 675	F. G. L. 20. I. 1905	Beim Anlauf werden nur die Reihenschlußbürsten benutzt, der Kurzschluß des zweiten Bürstensatzes wird unterbrochen.

Nr., Gruppe	Name, Anmeldung	
166 777	F. G. L. 12. VII. 1904	Umschaltung der Ständerwicklung, um bei konstanter Bürstenstellung die MMKK von Ständer und Läufer gegeneinander zu verschieben.
167 420	F. G. L. 16. IV. 1904	Motor mit Reihenschaltung von Ständer und Läufer, bei dem das Verhältnis der an beiden Teilen liegenden Spannungen durch einen regelbaren Nebenschlußtransformator eingestellt wird, der an das Netz angeschlossen ist.
169 453	F. G. L. 19. III. 1905	Kaskadenschaltung eines Induktionsmotors mit einem mechanisch gekuppelten regelbaren Stromwender-Motor z. B. nach Nr. 167 420.
171 308	Arnold & la Cour	Übertragung der Verfahren zur Regelung von Einphasenmotoren (vgl. S. 86, 88) auf Drehstrommotoren.
174 247 Zus. zu 169 453	F. G. L. 4. VII. 1905	Die vom Hilfsmotor mit zunehmender Belastung verursachte Phasenverschiebung soll durch Verwendung zweier passend geschalteter Einphasenmotoren im Anschluß an den zweiphasigen Läufer des Hauptmotors beseitigt werden.
177 255	F. G. L. 18. X. 1904	Verwendung Ohmscher Widerstände an Stelle des Transformators für Maschinen nach Nr. 167 420.
179 525	Scherbius 19. VII. 1905	Kaskadenschaltung eines Induktionsmotors mit einem mechanisch unabhängigen, beliebig regelbaren Stromwender-Motor, der z. B. einen am Netz liegenden Induktionsgenerator antreibt.
180 111 180 112 Zus. zu 153 730	29. XI. 1902 30. XI. 1902 A. E.-G.	Gleichzeitige Regelung von Phase und Drehzahl durch Zusammenschaltung der Sekundärteile von Transformatoren, die an verschiedene Leitungen des Netzes angeschlossen sind. (Vgl. Dr.-Ing. Alexander, Dissertation).
183 814 Zus. zu 167 420	F. G. L. 29. XI. 1905	Zyklische Vertauschung der Anschlüsse des Transformators zum Zwecke der Kompensierung.
185 290 Zus. zu 167 420	F. G. L. 9. IX. 1905	Der Sekundärteil des Nebenschlußtransformators wird beim Anlauf als Reihentransformator zwischen Ständer und Läufer benutzt.

Nr., Gruppe	Name, Anmeldung	
185 495 Zus. zu 179 525	Scherbius 11. III. 1906	Verwendung eines Schwungrades in Verbindung mit dem Hilfsmaschinensatz.
185 609	Scherbius 17. III. 1906	Einphasen- oder Mehrphasenmaschine mit ausgeprägten Haupt- und Hilfspolen.
186 464	Scherbius 24. III. 1906	Verfahren zum Anlassen von Mehrphasenmotoren als Induktionsmotoren.
187 648 Zus. zu 182 074	F. G. L. 5. X. 1906	Nach dem Haupt- und Zusatzpatent Verwendung eines Hilfsumformers, wie bei Scherbius Nr. 179 525, jedoch Regelung der Maschine, die keine Schlüpfungsströme führt.
190 888	M. F. Örlikon 19. VIII. 1906	Regelung von Stromwendermaschinen mit veränderlicher Polzahl.
193 392	S. S. W. 30. IX. 1906	Mehrfach-Einphasen-Maschine zum Betrieb mit Drehstrom.
196 126	B. B. & Cie. 29. III. 1907	Regelung eines Induktionsmotors durch einen in Kaskade geschalteten Hauptstrommotor, der zur Verhütung der Überlastung eine mit zunehmendem Strom selbsttätig verstärkte Nebenschluß-Erregung besitzt.
200 343	B. B. & Cie. 15. X. 1907	Erregung einer Induktionsmaschine durch eine in Kaskade angeschlossene Stromwender-Maschine.
211 803	B. B. & Cie. 14. VII. 1908	Sekundäre Stern-Dreieck-Umschaltung für einen Kaskadensatz nach Nr. 196 126 beim Antrieb von Grubenventilatoren.
216 249	A. E.-G. 11. II. 1903	Regelung von Drehstrom-Motoren durch Reihentransformatoren (entsprechend den Schaltungen für Einphasenstrom), von denen einige wiederholt werden (siehe diese S. 85).
216 771	S. S. W. 17. II. 1909	Reihenschlußmaschine mit Doppelbürsten, die durch Ohmsche oder induktive Widerstände paarweise verbunden sind.
218 578	F. G. L. 6. III. 1909	Verbesserung des Leistungsfaktors bei Mehrphasenmaschinen mit Gegenwicklung auf dem Ständer, indem die Läufer-MMK nicht völlig aufgehoben wird.
221 761	A. E.-G. 17. XI. 1909	Schaltung der Transformator- oder Ständerwicklungen, um Kompensie-

Nr., Gruppe	Name, Anmeldung	
		rung zu erzielen. Kombination ver-schiedener Wicklungszweige. (Vgl. Eichberg ETZ. 1910, S. 751).
223 145 Zus. zu 153 730	A. E.-G. 20. VI. 1909	Verwendung der Ständerwicklung als Spartransformator zur Regelung des Läufers und zur Kompensierung. (Vgl. Eichberg ETZ. 1910, S. 752).
223 705	B. B. & Cie. 19. VI. 1909	Gegen - (Kompensations-)Wicklung für Mehrphasenmaschinen mit Trommel-anker.
223 707	F. G. L. 1. XII. 1909	Mehrphasenmaschine mit in Reihe zum Ständer geschalteten Bürsten und Ohmschen oder induktiven Wider-ständen parallel zum Läufer.
224 146	F. G. L. 7. III. 1909	Nebenschlußmotor mit Gegenwicklung, der zur selbsttätigen Kompensierung einen Zusatz - Induktionsfluß ab-hängig vom Arbeitsstrom erzeugt.
224 202	F. G. L. 6. VIII. 1909	Verbesserung der Stromwendung und des Leistungsfaktors bei Maschinen, deren Läufer über Schleifringe oder an festen Punkten kurzgeschlossen werden kann.
224 296	S. S. W.	Einrichtung zum Verändern der Dreh-zahl einphasiger und mehrphasiger Stromwender-Motoren, bei denen die Gesamtenergie dem Läufer durch Schleifringe zugeführt wird.
225 226 Zus. zu 153 730	A. E.-G. 8. V. 1909	Stromwender-Generator, bei dem die Netzleitungen in einer anderen Achse an die Ständerwicklung angeschlossen sind, als der Transformator, der sie zur Frequenzregelung mit der Läufer-wicklung verkettet.
227 700	F. G. L. 7. V. 1910	Regelung von Stromwendermaschinen, bei denen die Gesamtenergie dem Läufer durch Schleifringe zugeführt oder entnommen wird. (Vgl. Nr. 224 296).
227 995	A. E.-G. 11. IV. 1909	Einstellung der Geschwindigkeit an Induktionsmotoren mit in Kaskade geschalteten Stromwender-Motoren durch Umschaltung der Läuferwick-lung des Induktionsmotors.
228 118	S. S. W. 12. III. 1909	Anordnung der Wendepole bei Mehr-phasenmaschinen mit Sehnenwick-lung.

Nr., Gruppe	Name, Anmeldung	
228 284	S. S. W.	Anordnung einer Sehnenwicklung am
228 285	14. V. 1908	Läufer, die die Herstellung einer passenden Ständergegenwicklung gestattet.
228 554 Zus. zu 218 578	F. G. L. 9. XII. 1909	Anwendung der Erfindung auf doppeltgespeiste Motoren.
229 241	S. S. W. 22. VIII. 1909	Verbesserung der Stromwendung durch eine Oberfeldwicklung.
230 452	S. S. W. 2. XII. 1909	Neue Anordnung des Regeltransformators für Nebenschluß-Maschinen.
230 453	B. B. & Cie. 20. II. 1910	Belastungsausgleich bei Nebenschlußmaschinen durch einen Reihentransformator.
230 573 Zus. zu 153 730	A. E.-G. 21. VIII. 1908	Herstellung rein sinusförmiger Feldverteilung auch bei Zweiphasen-Maschinen.
230 729	Heyland 25. II. 1910	Regelung von Wechselstrommotoren durch Frequenzwandler.
230 937	M. F. Örlikon 23. VIII. 1910	Verfahren zur Regelung von Drehstrom-Reihenschluß-Motoren mit Reihentransformator durch Polumschaltung.
232 281	Westinghouse Co. 31. XII. 1909	Mehrphasen-Reihenschluß-Generator zur Erregung von Induktions-Maschinen.
232 282	B. B. & Cie. 2. XI. 1909	Kompensierung der primären Phasenverschiebung bei Kaskadenschaltung von Induktions- und Kommutator-Maschine.
232 334	F. G. L. 13. VII. 1909	Unterdrückung der Funkenbildung bei Mehrphasen-Motoren mit Wendepolen.
232 664 Zus. zu 232 282	B. B. & Cie. 9. IV. 1910	Um den Zweck des Hauptpatentes zu erreichen, wird die Kommutator-Maschine durch besondere Hilfsbürsten erregt, die neben den Hauptbürsten angebracht sind und von den Schlupfströmen des Hauptmotors gespeist werden.
233 182 Zus. zu 183 815	Scherbius 14. VIII. 1909	Die Wendepole des Motors nach dem Hauptpatent übernehmen entweder die Hauptstrom- oder die Nebenschluß-Erregung.
233 387	A. E.-G. 3. IV. 1910	Induktions-Maschinen-Satz, bestehend aus zwei mechanisch gekuppelten Motoren verschiedener Polzahl, deren nicht an das Netz angeschlossene

Nr., Gruppe	Name, Anmeldung	
		Teile durch einen Frequenzwandler elektrisch gekuppelt sind.
235 040	S.-S.-W. 18. III. 1909	Bei Nebenschluß-Motoren werden Ständer und Läufer durch einen Reihentransformator gekuppelt, damit die Arbeitsspannungen durch die übertragene Leistung beeinflußt werden.
235 883 Zus. zu 230 452	S.-S.-W. 8. V. 1910	Gleichzeitige Regelung des Induktionsflusses und der Arbeitsspannungen von Ständer und Läufer durch einen gemeinsamen Netztransformator.
236 347 Zus. zu 183 815	Scherbius 23. IX. 1910	Die Läuferwicklung wird als Wellenwicklung für eine Polzahl gleich der Summe der Hauptstrom- und Nebenschlußpole ausgebildet.
237 939	A. E.-G. 6. II. 1910	Regelung von doppelt gespeisten Drehstrom-Kommutator-Maschinen durch Änderung der Stromverteilung einer der Arbeitswicklungen.

Literatur über Mehrphasen-Motoren.

Görges: Theorie und Wirkungsweise des Reihen- und Nebenschluß-Motors. ETZ. 1891, S. 699

Blondel: Theorie. Ecl. Electrique 1903, T. 35, p. 121, 167, 481.

Bragstad: Theorie. ETZ. 1903, S. 368.

Winter: Der regelbare Nebenschlußmotor. Zeitschr. f. E. 1903, S. 213.

Alexander und Fleischmann: Theorie und Wirkungsweise. Z. f. E. 1903, S. 277, 296.

Osnos: Der verbesserte Görgesmotor. Z. f. E. 1903, S. 591.

E. Roth: Les moteurs polyphasés à collecteur (alles umfassende Theorie). Lum. El. 1909, T. VI. p. 47 ff bis 400 (als Sonderabdruck erschienen).

H. Alexander: Drehstrommotor für regelbare Drehzahl. Dissertation, Berlin, 1908.

Jonas: Wirkungsweise und Schaltungen. ETZ. 1910, S. 390.

Eichberg: Regelbare Nebenschlußmotoren. ETZ. 1910, S. 749, 785.

Rüdenberg: Der Reihenschlußmotor. ETZ. 1910, S. 1181, 1221; 1911, S. 233, 264.

Dreyfus und Hillebrand: Theorie des Reihenschluß-Motors und des Nebenschluß-Motors. E. & M. 1910 S. 367 und S. 881.

Rüdenberg: Der Generator mit Eigenerregung. ETZ. 1911, S. 391, 413; 489. E. & M. 1911, S. 213, 299.

— Stromwendung. E. & M. 1911, S. 467, H. 23; S. 495, H. 24.

Niethammer u. Siegel: Nebenschlußmaschine mit Ständer-Gegenwicklung. E. M. 1911, S. 871, H. 43.

— Desgl. Reihenschlußmotor. E. & M. 1911, S. 922, H. 45; S. 941, H. 46.

Thomälen: Das Stromdreieck des Reihenschluß-Motors. ETZ. 1911, S. 1108.

— Diagramm des Reihenschlußmotors mit Berücksichtigung der Streuung. ETZ. 1911, S. 1319.

G. Meyer: Verlustlos regelbare Drehstrom-Motoren. E. K. B. 1911, H. 22÷24, S. 422, 441, 461.

Sachverzeichnis.